Delight in Knowledge

全图解

美丽拼布夹包

38款长短夹·折层夹·口金夹

林素伶　著　　廖家威　摄影

河南科学技术出版社
·郑州·

关于“夹包”的二三事

三月初，初返工作岗位，思绪还沉浸在意大利西恩纳与佛罗伦萨那如诗如画的美景里，一通电话将我唤回现实。和娜娜是老朋友了，她催稿的声音也是我熟悉的。现在手头上的文案已交，找不到理由来搪塞自己快发作的“懒病”，只有爽快地答应她的策划。于是我又开始忙碌的脑力激荡，但甘之如饴。

这本书以生活中不可或缺，每人都有一个甚至好几个的布作小物为主题基调。在我的上一本书《折布，就是玩花样》（中文简体版《我的第一次折布手作》已由河南科学技术出版社出版）中提到，如果说“大包包”是一个人的最终品位，那“小夹包”就如同一个人最珍贵的收藏。在挑选和制作时，你会非常用心，真想无微不至地让每个设计环节都能符合自己的所需，而且与众不同。常常不经意地把玩或欣赏自己收藏的夹包，随着情境交替使用，一个、两个……好像永远都不嫌多。

喜爱夹包的心情似乎也形成了特有的市场需求，无论在大商厦的名牌店还是市场里卖包包的摊商，夹包永远是一个吸引眼球的小物。在我的博客里曾公布过两款短夹包的做法，很多同好都已完成制作。这种在手作界里广为流传的夹包，除了自用之外，送礼也非常体面，又能表达自己的心意和展现工艺技巧，因此成为手作市集中人见人爱、不退流行的长红小布物。

38款夹包，每一款都为你记录了制作过程和尺寸，并贴心附上纸型以便裁布使用。愿这本书能为你带来手作夹包的实用与便利，更期望你用心做出的夹包，能给自己带来成就感与自信心，因为它将是你个人美丽的珍藏品，或是让他人爱不释手的礼物，而这也是我出版本书时心中的小小期盼。

快乐的娜塔莎 林素位

CONFIDENTIAL
94123
Please Note: this is not your correct mailing address.
Queen of the Meadow
ALBUM
MINIATURE
Nº 2
MAISON
COTONS
Boulevard Sébastopol 74
PARIS
MARCUS Fabrics
Atelier Akiko
Paris Daisy

Contents

目录

旅人护照夹

多层功能夹

传统实用夹

CONFIDENTIAL

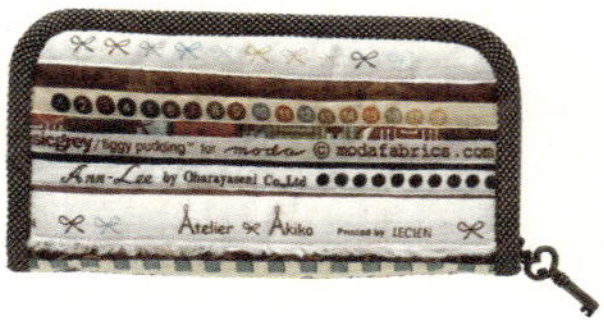
Atelier Akiko

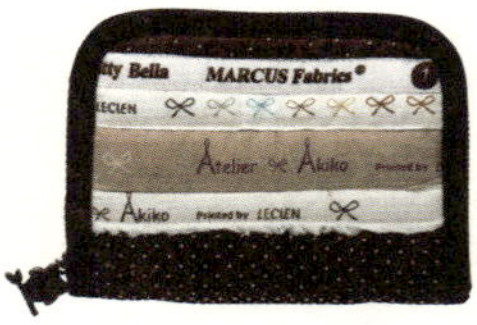
MARCUS Fabrics
Atelier Akiko

ALBUM
COTONS
PARIS

时尚带盖夹

玩味小品夹

制作必看小秘诀

the end

最爱口金夹

当人气单品口金遇上夹包，

是多么不可思议的绝妙组合。

口金可以在夹包上外露，也可以内敛，

拿出这样的作品时，

不知会让多少人发出羡慕的尖叫……

1

时间廊口金长夹

给性情恬适、态度温和的女生

喜欢，是一种淡淡的感觉，
时间，这回多了一个句点，
把喜欢的感觉锁在时间廊里，
细细品味，永久收藏。

 （夹层数8） 做法参见P12

2 灿烂花语口金夹包

给个性阳光、常开心微笑的女生

花影重叠，枝叶交错，
吐露芳华却不相争艳，
阳光下，我笑得很灿烂。

（夹层数11）做法参见P14

时间廊口金长夹

材 料

1. 图案表布：见图示尺寸
2. 里布：50cm
3. 滚边布：0.5尺
4. 厚棉：25cm×30cm
5. 薄衬：50cm
6. 压扣：1组
7. 外径11cm口金：1个
8. 拉链：10cm×1条
9. 包扣24mm：1个

信用卡夹层分隔线（总长52.5cm×21cm）虚线为谷线

21	4.5	6	4.5	6	4.5	6

做 法

将口袋图案表布12cm×9cm与点点布10cm×9cm（已含0.7cm缝份）组合，烫薄衬后对折。

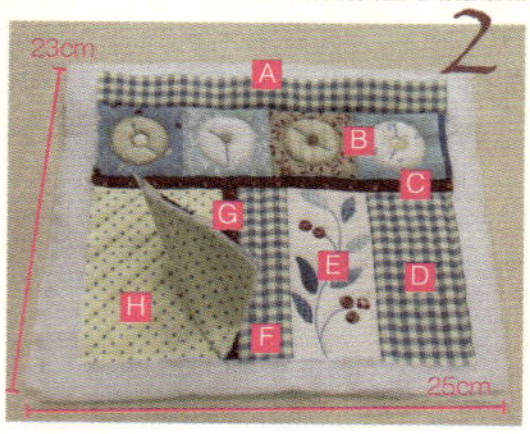

裁剪布料，尺寸如下：
A4cm×25cm、
B7cm×25cm、
C2.5cm×25cm、
D7cm×14cm、
E7cm×14cm、
F5cm×14cm、
G2.5cm×14cm、
H10cm×14cm。
组合后烫薄衬，再铺棉烫衬，口袋夹缝于G和H之间，然后机缝压线。

压线后裁剪成24cm×21cm。

依纸型剪下两片带扣布，并沿线机缝。

将带扣布翻回正面，压缝一道固定线，再钉上压扣。

缝上包扣装饰。

将带扣固定在左侧的中心处，在右侧中心距边缘2cm处钉上压扣。

信用卡夹层不烫衬，画出分隔线后，依分隔线熨烫（详细做法参见P120）。

9

裁剪18cm×21cm夹层布1片，烫薄衬后对折烫平。

10

将夹层布固定在信用卡夹层的左侧。

11

再与表布固定。

12

依口金纸型剪下表布2片，并烫薄衬，在其中1片上缝上蕾丝。

13

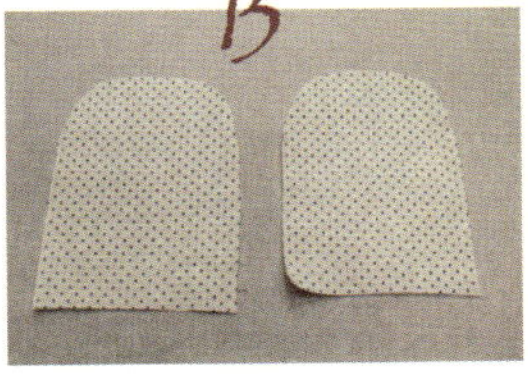

依口金纸型剪下里布2片，并烫薄衬。

14

分别正面对正面，左右两侧机缝至止缝点。

15

将表布与里布正面对正面，机缝弧形口金线。

16

由底部翻回正面，上端缝上口金，底部缝上10cm拉链。

17

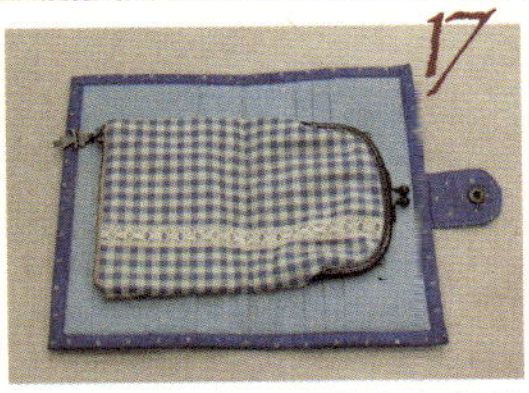

表布滚边，将口金放在中缝处固定。

18

作品完成了。

灿烂花语口金夹包

材 料

1. 图案表布：32cm×16cm×1片
2. 里布：100cm
3. 滚边布：17cm
4. 薄棉：35cm×20cm
5. 薄衬：17cm×1片
6. 外径12cm口金：1个
7. 手缝磁扣：1组

做 法

裁剪32cm×16cm（含0.7cm缝份）图案表布1片，铺棉并烫薄衬，压线后裁齐成30cm×14cm。

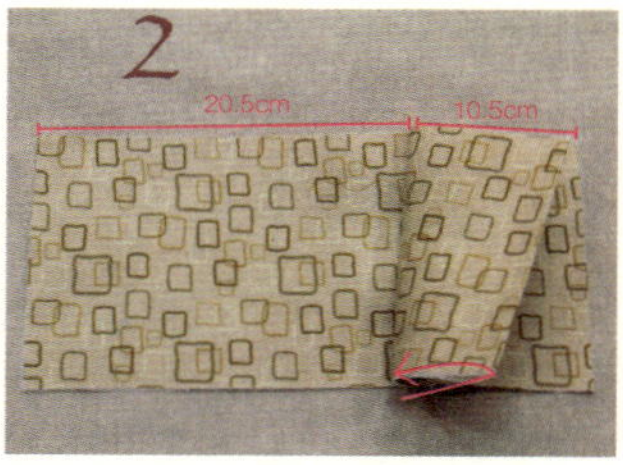

裁剪出20.5cm×14cm和10.5cm×14cm里布各1片，均烫薄衬。裁剪21cm×14cm里布1片，烫薄衬后对折，如图所示夹缝在2片之间。

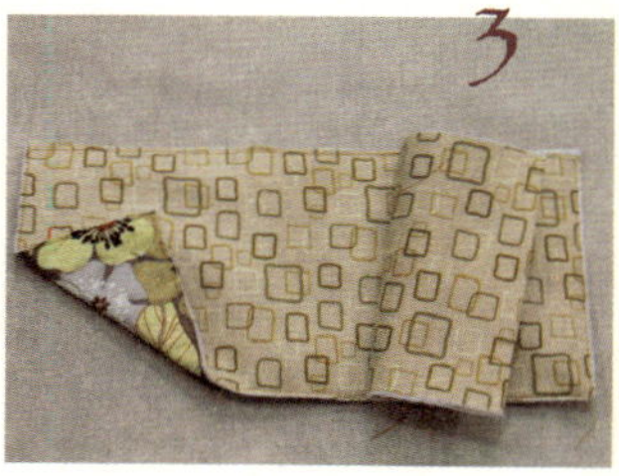

将里布与表布四周机缝固定。

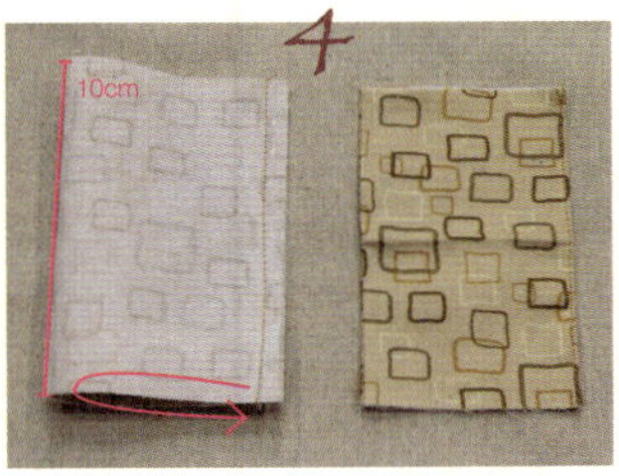

裁剪10cm×17cm侧袋身布2片，对折后机缝，翻回正面后熨烫平整。

固定在两侧，夹缝布倒向长的一边。

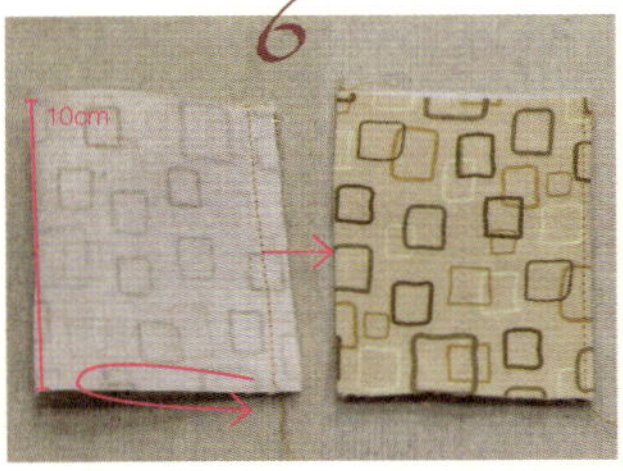

裁剪10cm×16cm分隔层用布，对折后机缝，再翻回正面烫平。

将分隔层固定在中间。

为表布上滚边，再将口金一侧缝在夹缝的布上，然后手缝里布滚边，再将口金的另一侧缝在滚边上。

缝上磁扣（磁扣距袋盖边缘2.5cm，距滚边5cm），作品就完成了。

3

三只小猪口金长夹

给喜欢童话故事的女孩

两种不同元素突然想合二为一，
试着从记忆中拼凑重叠的弧度，
完美搭建三只小猪的彩虹天堂，
标记着它们一家人的幸福图画。

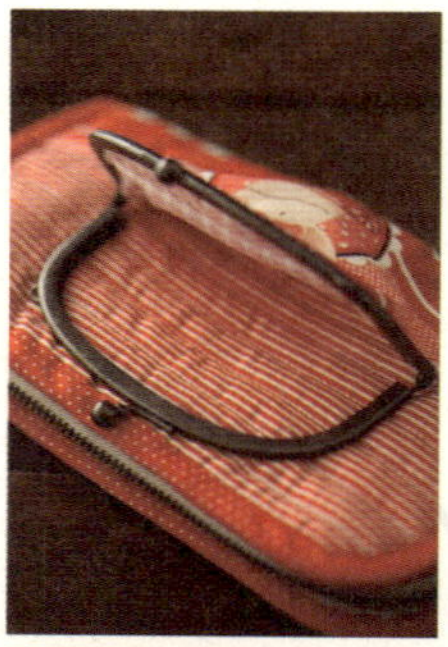

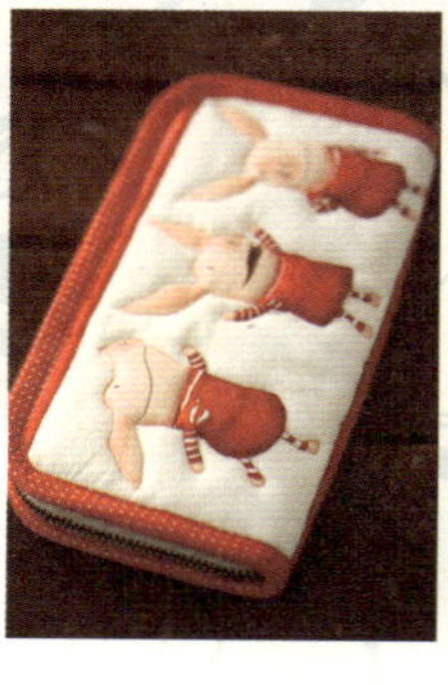

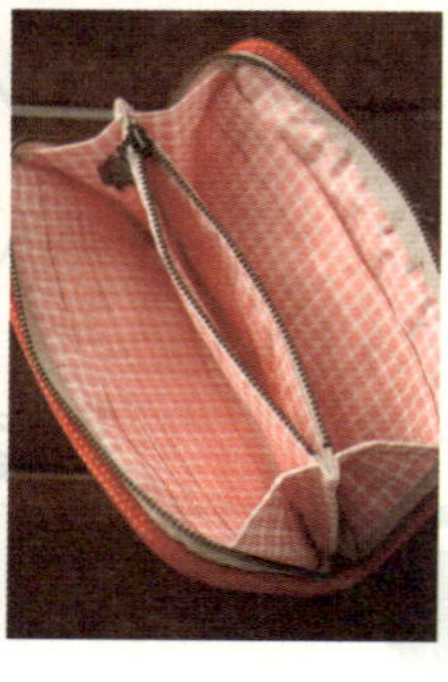

（夹层数14）做法参见P18

4

虹彩口金短夹

给气质清新脱俗的女生

将一个接近彩虹的圆弧，
放在春天的花蕊上，
开合之间，
把心情全都收藏在里面。

（夹层数10）做法参见P18

三只小猪口金长夹与虹彩口金短夹

材　料

1. 长夹表布：（红线条）13.5cm×22cm×1片、（小猪）13.5cm×22cm×1片
   短夹表布：（花布）13.5cm×17cm×2片
2. 口金表布：（长夹）22cm×14cm、（短夹）16cm×14cm
3. 里布：（长夹）50cm、（短夹）33cm
4. 滚边布：17cm
5. 厚棉：（长夹）25cm×25cm×1片、（短夹）25cm×20cm×1片
6. 薄衬：50cm
7. 拉链：（长夹）40cm×1条、15cm×1条
   （短夹）35cm×1条、10cm×1条
8. 口金：外径11cm×1组（长夹）、外径8cm×1组（短夹）

信用卡夹层分隔线（总长：长夹86cm×20cm，短夹86cm×14cm）虚线为谷线

9	7	6	4.5	6	4.5	6	6	4.5	6	4.5	6	7	9

做　法

裁剪出长夹表布13.5cm×22cm、短夹表布13.5cm×17cm各2片。将表布烫薄衬后铺棉，再烫薄衬并压线。

长夹裁成12cm×22cm，短夹裁剪成12cm×14cm，各2片。

信用卡夹层不烫衬，画出分隔线后，依分隔线整烫（详细做法参见P120）。

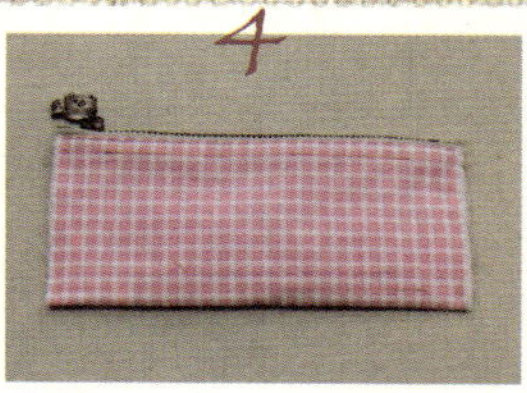

裁剪出长夹内拉链口袋布17cm×17cm、短夹内拉链口袋布12cm×17cm各2片。拉链口袋布1片烫薄衬，1片不烫衬（详细做法参见P121）。

将长夹和短夹侧边裁成17cm×13cm，共4片，裁剪后烫薄衬，正面相对，机缝后翻回正面，并熨烫平整。

依口金纸型剪下表布和里布各1片，烫上薄衬，正面相对并机缝上端。

翻回正面。

缝上前侧口金。

9

将口金布夹缝在两片表布之间，然后将另一侧口金缝在表布上。

10

依纸型修齐，拨开背面接合处，以卷针缝缝好。

11

将信用卡夹层与表布固定。

12

将侧边布与表布接合。

13

上滚边布。

14

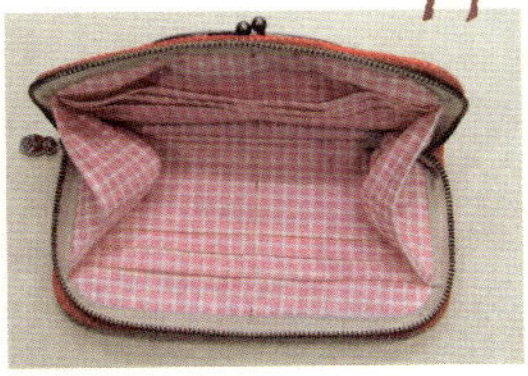

上拉链。

15

固定拉链内袋。

16

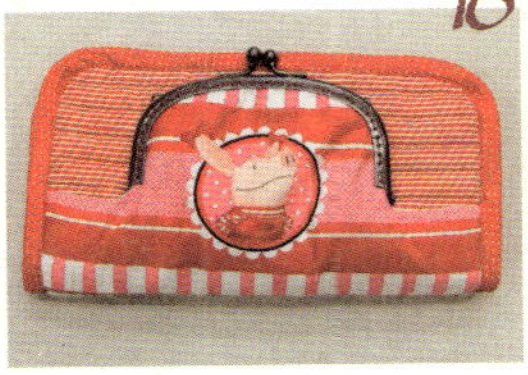

作品完成图。

17

作品完成图。

5 静谧之花夹包

给喜欢简单幸福的女生

在湛蓝寂静的天空下含苞，预备在最灿烂的季节里盛放。
抛离红尘俗世的纷扰喧嚣，处处充满简单且美丽的幸福。

（夹层数9）做法参见P22

6

学院风格口金夹包

给性格帅气、带点叛逆的女生

整齐、干净、清爽、简约，
学习与成长的过程中一直被这样要求，
但，今天请让我表达自己的创意和想法。

（夹层数11）做法参见P24

静谧之花夹包

材　料

1. 图案表布：32cm×16cm×1片、20.5cm×16cm×1片
2. 里布：33cm
3. 滚边布：17cm
4. 薄棉：35cm×20cm×1片
5. 薄衬：17cm
6. 外径12cm口金：1个
7. 压扣：1组

左侧信用卡夹层分隔线（总长36cm×14cm）

6	4.5	6	4.5	6	9

右侧信用卡夹层分隔线（总长24cm×11cm）

7.5	6	4.5	6

做　法

裁剪32cm×16cm图案表布1片（含0.7cm缝份），烫薄衬后铺棉，再烫薄衬并压线。

压好线，裁成30cm×14cm。

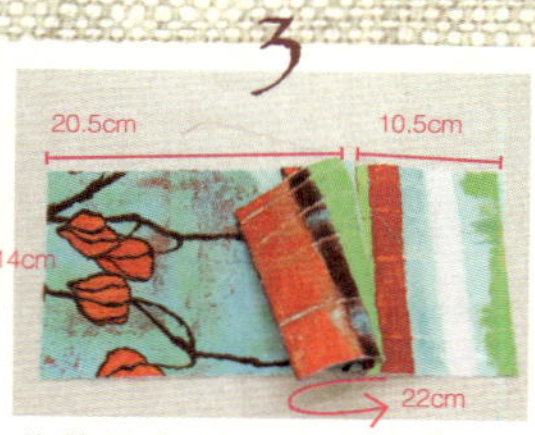

裁剪里布20.5cm×11cm和10.5cm×14cm各1片，烫上薄衬。再裁剪22cm×14cm里布1片，烫薄衬后对折，如图夹缝在两片之间。

左侧和右侧信用卡夹层不烫衬，画出分隔线，并依分隔线熨烫（详细做法参见P120）。

裁剪18cm×11cm底部布片，烫上薄衬，再将夹层分别固定在底布的左右两侧。

裁出18cm×11cm布片，不烫衬，与夹层背对背固定，在上方缝上2.5cm的滚边。

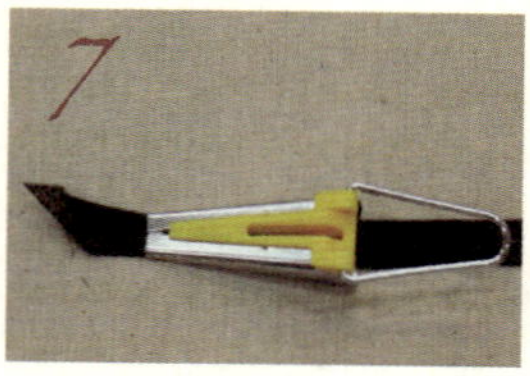

裁出2.5cm宽布条，用黄色滚边器烫好。

将夹层固定在步骤2完成的表布上，接合处用烫好的滚边布覆盖并装饰。钉上压扣，再与步骤3的表布背对背，机缝四周固定。

9

裁剪10cm×17cm侧边布2片，对折后机缝，再翻回正面并烫平。

10

将侧边布固定在左右两侧，再将滚边缝在表布上，然后把口金一侧缝在步骤3的夹缝布上，再手缝里布滚边，将口金的另一侧缝在滚边上（做法同P15步骤8）。

11

裁剪10cm×16cm口金分隔层1片，对折后机缝，再翻回正面烫平。

12

固定在中间。

13

作品完成了。

学院风格口金夹包

材　料

1. 表布：依图示
2. 里布：33cm
3. 薄布衬：33cm
4. 厚布衬：33cm
5. 滚边布（咖啡点）：17cm
　　　　（格子）：17cm
6. 拉链：8cm×1条
7. 压扣：2组
8. 外径13cm一字口金：1个

信用卡夹层分隔线（总长35cm×12cm）

6	4.5	6	4.5	6	8

口金内信用卡夹层分隔线（总长60cm×15cm）

9	4.5	6	4.5	6	6	4.5	6	4.5	9

做　法

1

裁剪12.5cm×10.5cm背布1片，烫厚衬，前夹层口袋依图示尺寸（含缝份）组合。组合完成后尺寸为12.5cm×10.5cm，烫厚衬，再将2片布背对背机缝四周固定。

2

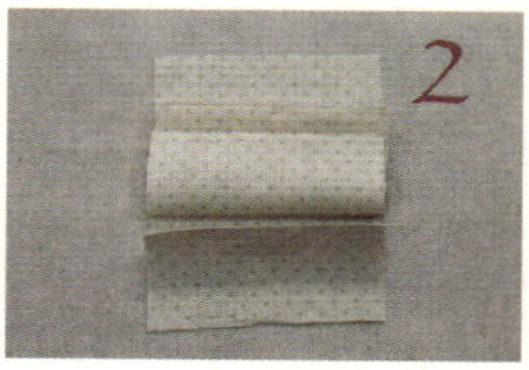

信用卡夹层不烫衬，画出分隔线，依分隔线整烫（详细做法参见P120）。

3

将信用卡夹层固定在背面。

4

上滚边后的正面图。

5

背面图。

6

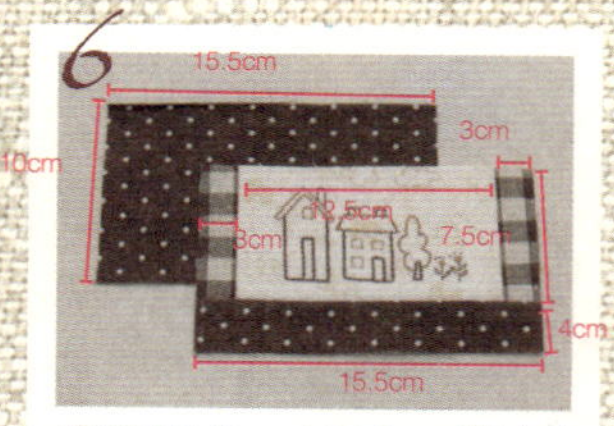

裁剪15.5cm×10cm背布1片，烫厚衬，后口袋依图示尺寸（含缝份）组合。完成后尺寸为15.5cm×10cm，烫厚衬。

7

将2片背对背机缝四周固定。

8

裁出12.5cm×15cm咖啡点袋身布2片，烫上厚衬。将后口袋、夹层口袋与袋身夹缝固定。

9

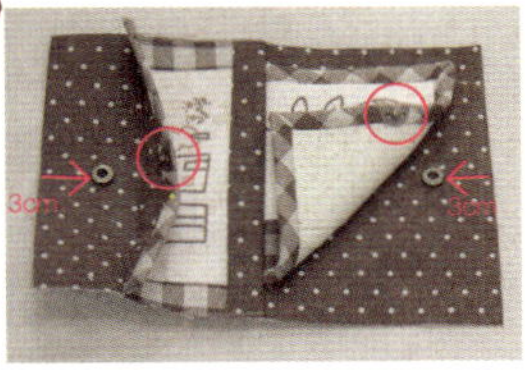

在两侧距边缘3cm的中心处钉上压扣。

10

钉上压扣的背面图，缝份处打开并熨烫平整。

11

口金内的信用卡夹层不烫衬，画出分隔线后，依分隔线熨烫平整。

12

烫上薄衬。

13

与袋身前后两端固定。

14

翻回正面。

15

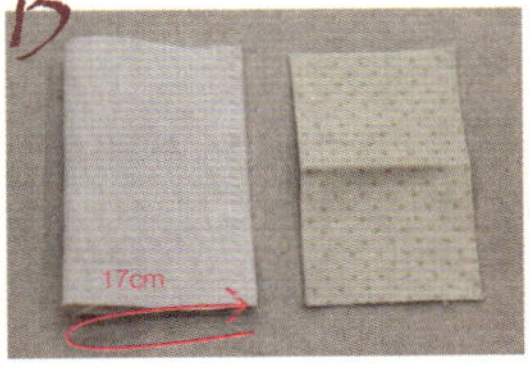

裁出13cm×17cm侧边布2片，对折机缝后烫出中线。

16

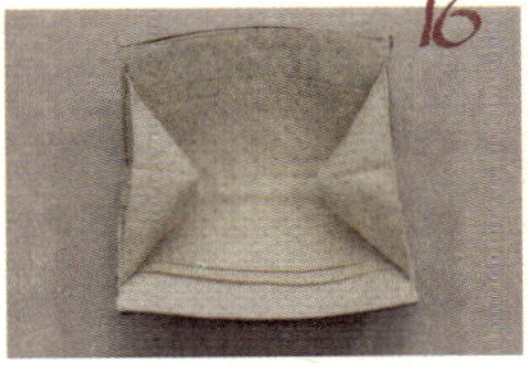

侧边布固定在袋身两侧。

17

将两侧缝上滚边布。

18

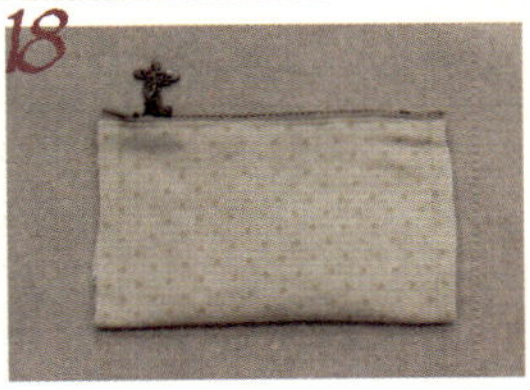

裁剪出10cm×17cm内拉链口袋布2片，1片烫薄衬，1片不烫衬（详细做法参见P121）。

19

将内拉链与左右两侧边布机缝固定。

20

缝上口金。

21

短夹完成了。

率真折层夹

大玩点·线·面、

双拉链设计、

图案布……

夹包可长也可短，

折数由自己决定，

夹包可长也可短。

别被既定观念

束缚了你的设计想法，

手作就是要天马行空，

让别人赞叹你无限的创意吧！

7

点·线·面双折长夹

给逻辑观念清晰的你

由点至线到面的构图，
简单不拖泥带水，
花样不矫情造作，
我就是喜欢干净利落。

（夹层数12）做法参见P30

8

新世纪元素双拉链短夹

给90后有个性的你

耐严寒、耐酷热，喜酸碱、喜甜咸，
红壤、黄壤、石砾、砂地都能生长，
喜阳光也耐阴冷，草莓族不会青睐，
这是属于新新人类的专用个性短夹。

（夹层数9）做法参见P32

点·线·面双折长夹

材 料

1. 表布及滚边布：33cm
2. 里布：50cm
3. 压扣：1组
4. 拉链：15cm×1条
5. 磁扣：1组
6. 铺棉：40cm×25cm×1片
7. 薄衬：33cm

信用卡夹层分隔线（总长138.5cm×8cm）虚线为谷线

10	7.5	8.5	7.5	8.5	7.5	8.5	7.5	8.5	7.5	8.5	7.5	8.5	7.5	8.5	7.5	9

做 法

1

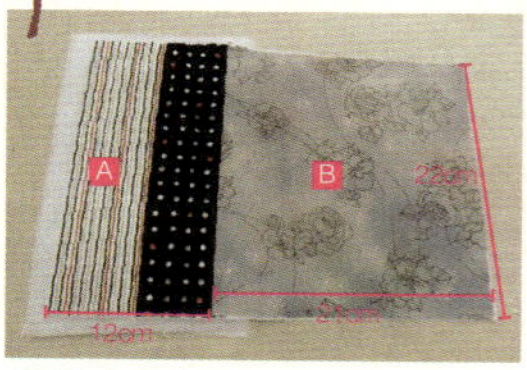

裁剪出A布12cm×22cm与B布21cm×22cm各1片（均含0.7cm缝份），如图组合后烫上薄衬，再铺棉（只有A布需铺棉）。铺棉部分下方烫上薄衬，再压缝直线。

2

翻至背面，剪去接合处多余的铺棉。

3

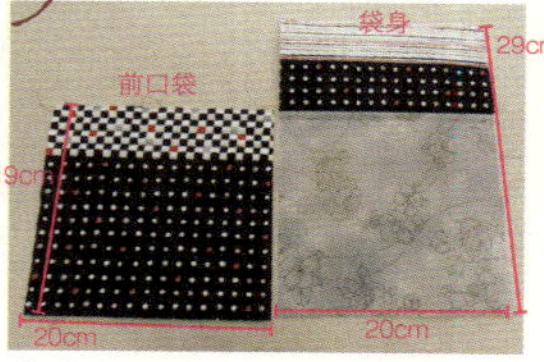

裁剪出21cm×21cm前口袋用布，烫上薄衬后铺棉，然后在铺棉下方烫上薄衬并压线，再裁齐成20cm×19cm，压好棉的袋身裁齐为20cm×29cm。

4

前口袋依纸型裁齐，背面与里布用珠针固定，上方缝上滚边，前口袋就完成了。

5

裁出138.5cm×8cm的长条布1片，依信用卡夹层分隔线指示，折烫出如图所示的信用卡夹层（详细做法参见P120），完成后修齐成7cm×20cm。

6

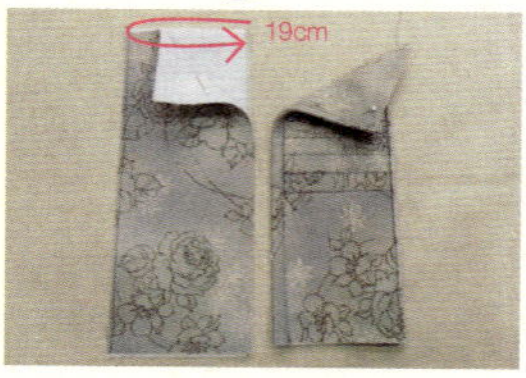

裁剪出19cm×20cm布片1片，烫上薄衬后对折，完成隔层。信用卡夹层与背面用布以珠针固定，然后在左侧缝上滚边（使用黄色滚边器，布的尺寸为2.5cm×20cm）。

7

将信用卡夹层与隔层固定在一起。

在袋身上开1个15cm的拉链口袋（用布尺寸为20cm×20cm，做法参见P122）。

裁出8cm×9cm带扣布1片，烫上厚衬后对折并机缝，烫开缝份后一侧封口，由另一侧翻至正面，沿边缘缝“冂”形固定。

带扣完成图。

将带扣与信用卡夹层缝合。

将步骤10完成的部分与袋身机缝固定，在接合处滚边（用黄色滚边器，布的尺寸为2.5cm×20cm）装饰。

背面裁1片同尺寸的里布，烫上薄衬后固定。

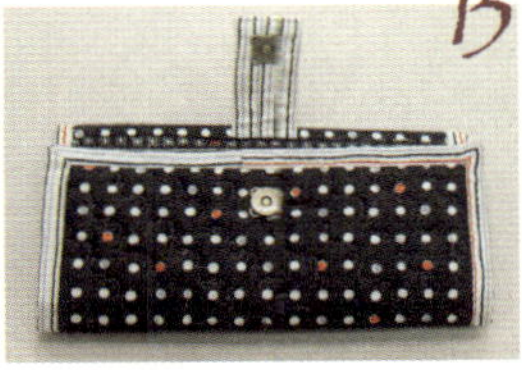

上完滚边后缝上磁扣。

作品完成了。

新世纪元素双拉链短夹

材　料

1. 表布3片：（咖啡色A）6cm×22cm×1片
　　　　　（橘色B和白色C）5cm×22cm各1片
2. 里布：50cm
3. 滚边布：17cm
4. 薄衬：33cm
5. 拉链：20cm×2条

信用卡夹层分隔线（总长37×11cm×2片）虚线为谷线

7	4.5	6	4.5	6	9

做　法

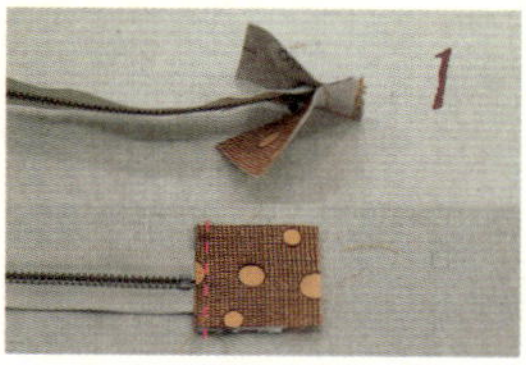

在20cm长的拉链两端上下接缝3cm×2cm布片。

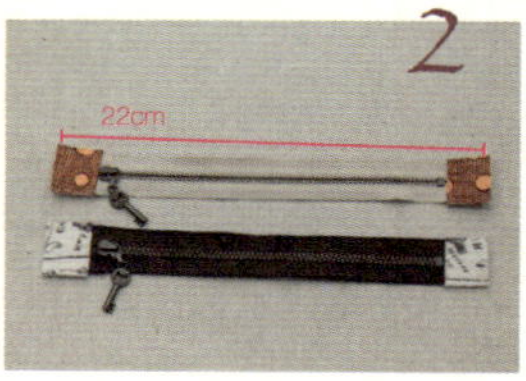

修齐成22cm长，共2条。

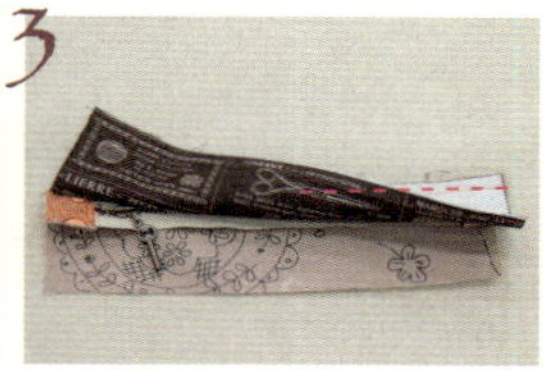

裁出表布（A）6cm×22cm，烫上薄衬后将拉链居中放置，与6cm×22cm里布用拉链压布脚机缝固定。

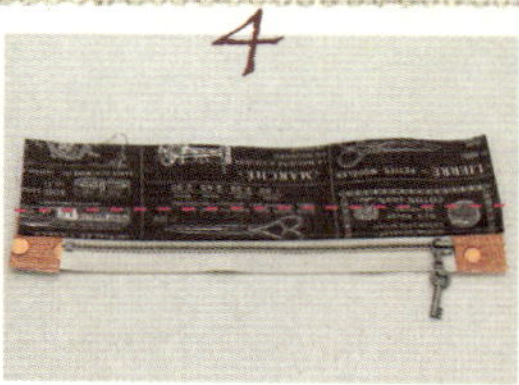

翻回正面，再压缝一道固定线。

裁出表布（B）5cm×22cm，烫上薄衬后将拉链居中放置，与22cm×22cm里布用拉链压布脚机缝固定。

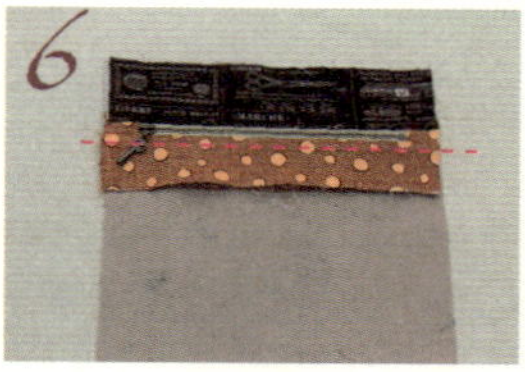

翻回正面，再压缝一道固定线。

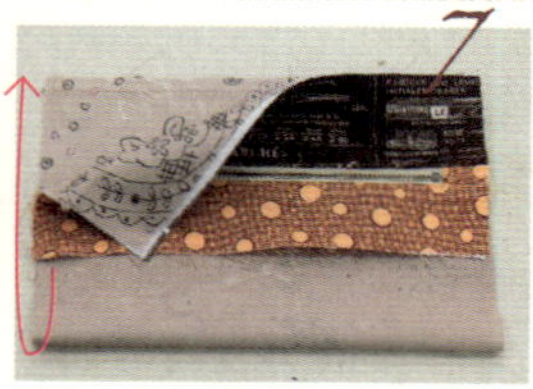

将里布下段与上边对齐。

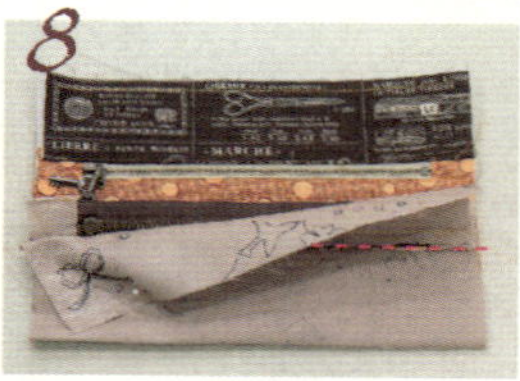

裁剪6cm×22cm里布1片，将另一条拉链居中放置，与橘色表布共3层，用拉链压布脚机缝固定（不要缝到22cm×22cm里布）。

9

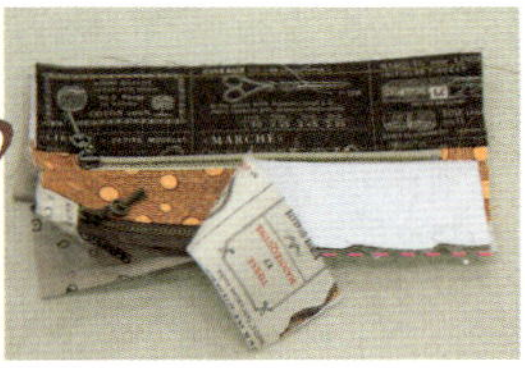

裁剪表布（C）5cm×22cm，烫薄衬后将拉链居中放置，与5cm×22cm里布，以拉链压布脚机缝固定。

10

翻回正面，再压缝一道固定线，并将上片里布向下对齐。

11

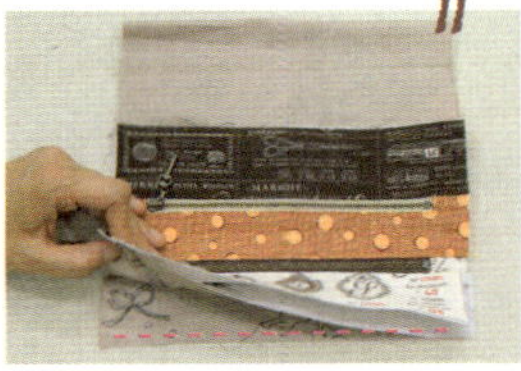

将上片里布向下对齐后，在橘色B布表上压缝一道固定线。

12

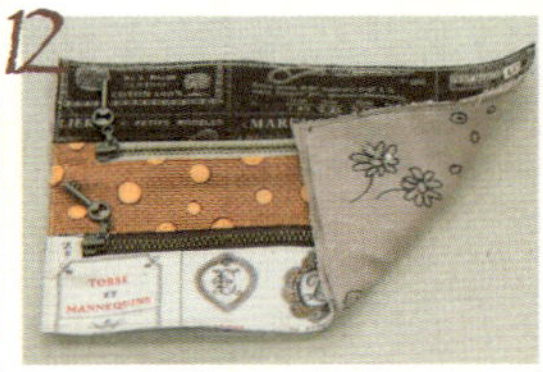

将完成的表布修齐成13cm×21cm，再裁出13cm×21cm里布1片，烫上薄衬后与表布固定。

13

如图所示画出分隔线，再依分隔线整烫完成2片（详细做法参见P120）。

14

裁剪11cm×21cm里布2片，烫上薄衬后，背对背机缝固定。

15

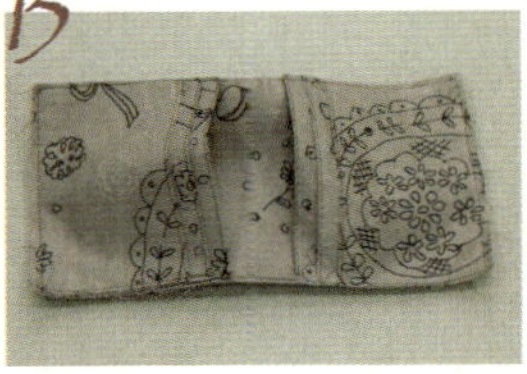

将信用卡夹层固定在左右两侧。

16

上方滚边装饰（使用黄色滚边器，布的尺寸为2.5cm×21cm）。

17

与表布固定。

18

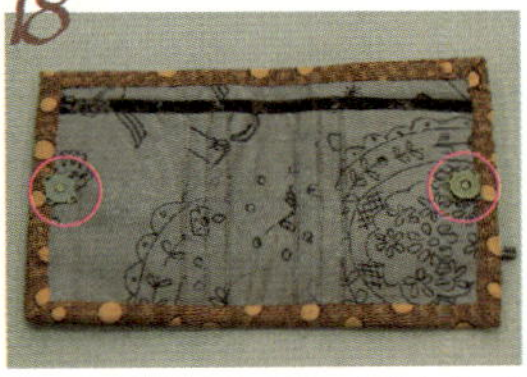

上好滚边后，在两侧缝上磁扣。

19

作品完成了。

9

靓女短夹

给喜欢单纯、简约利落的女生

时尚不属我专有，
但总与我同行，
简单体现，
就是帅气地做自己。

（夹层数7）做法参见P36

10

神秘之黑运动型夹包

给刚刚进入大人世界的小男生

站在一个有阳光的地方，
裁剪三分之一的神秘黑影，
缝制出专属于他的夹包，
于是，它见到了他第一次约会的女生。

（夹层数9）做法参见P38

靓女短夹

材 料

1. 表布：依图示
2. 里布：33cm
3. 薄布衬：33cm
4. 薄棉：约13cm×28cm×1片
5. 滚边布：17cm
6. 拉链：10cm×1条
7. 压扣：1组
8. 麻制水兵带：约25cm

信用卡夹层分隔线（总长37cm×9.5cm）虚线为谷线

5.5	4.5	6	4.5	6	4.5	6

做 法

1

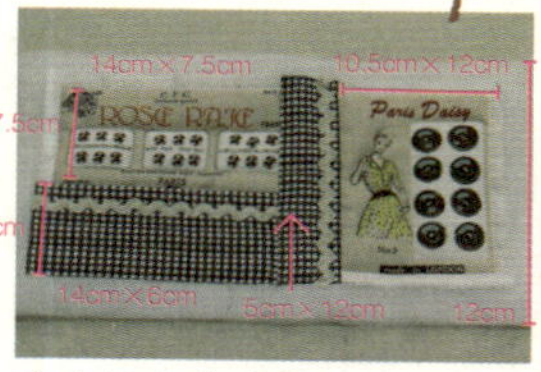

表布组合完成图，尺寸约为12cm×26cm（含缝份），请依序烫薄衬、铺棉，再烫薄衬并压线。

2

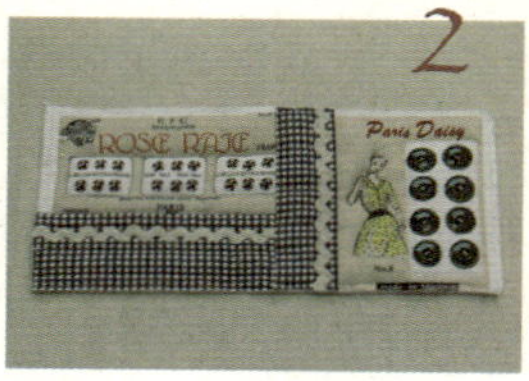

压线完成后，将尺寸修齐为11cm×25cm。

3

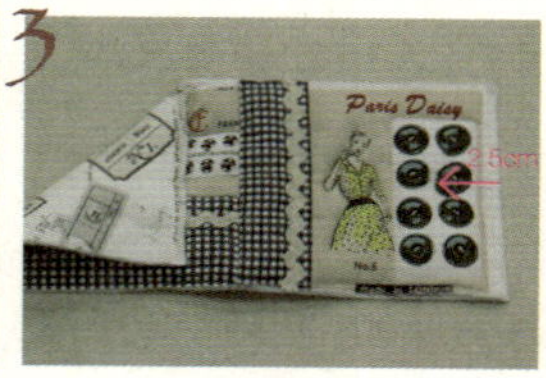

在表布右侧距边缘2.5cm的中心点打上压扣，裁出11cm×25cm里布并烫上薄衬，再与表布在距布边缘0.5cm处机缝四周固定。

4

将37cm×9.5cm信用卡夹层用布烫薄衬，画出分隔线，并依分隔线整烫（详细做法参见P120）。

5

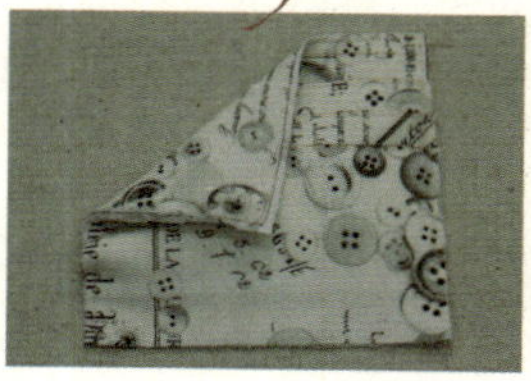

折烫完成后，与10.5cm×9.5cm里布（不烫衬）机缝固定，并在右边2.5cm处用滚边条包边（用黄色滚边器）。

6

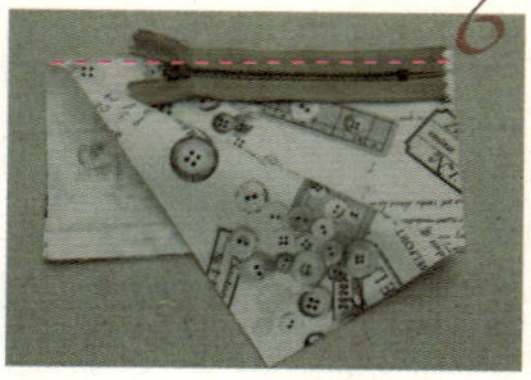

裁出9cm×17cm里布2片，1片烫薄衬，1片不烫衬，拉链居右放置，夹在中间（拉链正面朝下），用拉链压布脚机缝上方固定。

7

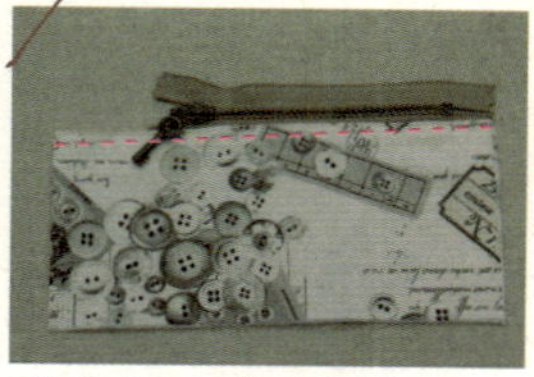

翻回正面，沿边缘机缝固定。

8

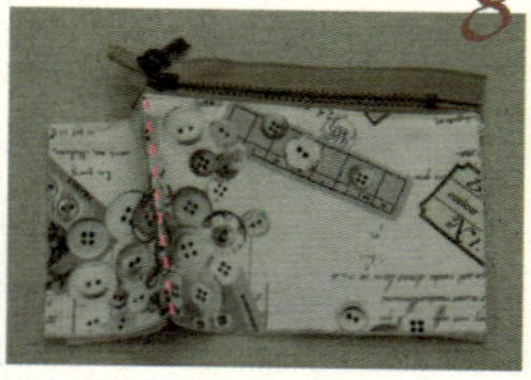

在拉链头端将布对折，在距边缘0.2cm处机缝。

9

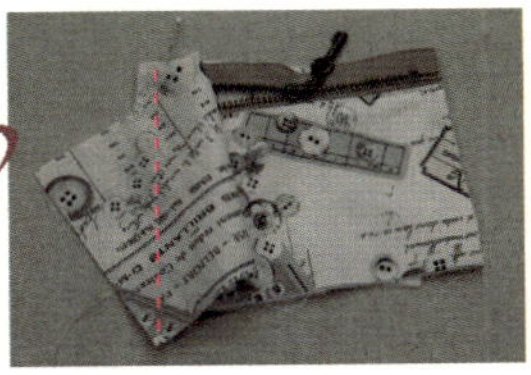

裁出12cm×9.5cm里布2片，1片烫薄衬，1片不烫衬（将拉链口袋夹缝在两片之间）。

10

翻回正面，接合处对折，在距边缘0.2cm处机缝，再将左片布拉至与右边对齐。

11

左片布拉至与右边对齐，右侧及下方在距边缘0.2cm处机缝固定，拉链口袋就完成了。

12

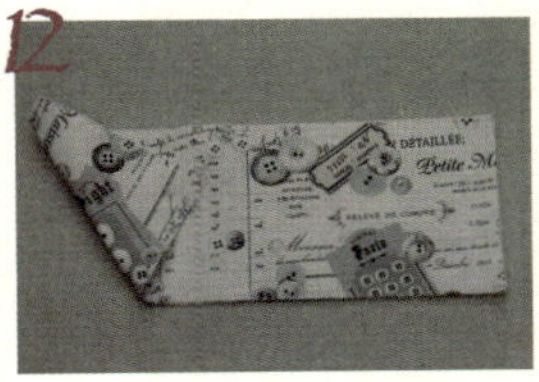

裁出25cm×9.5cm里布2片，1片烫薄衬，1片不烫衬，背对背机缝固定。

13

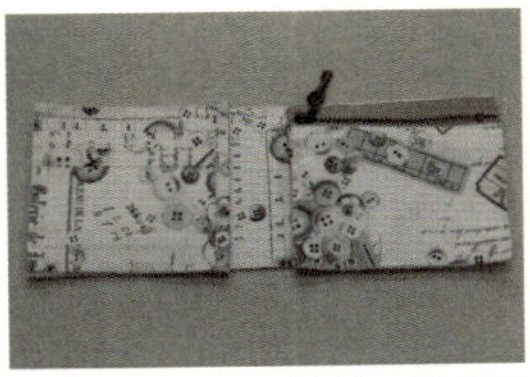

将信用卡夹层与拉链口袋分别固定在左右两侧。

14

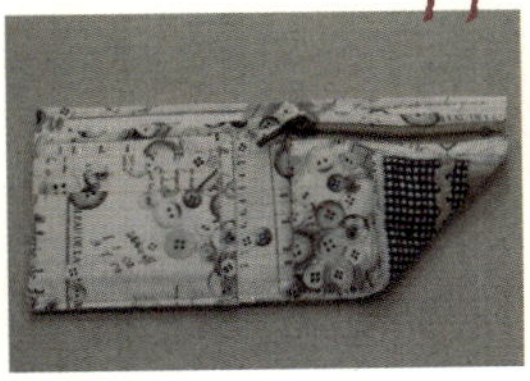

与表布组合。

15

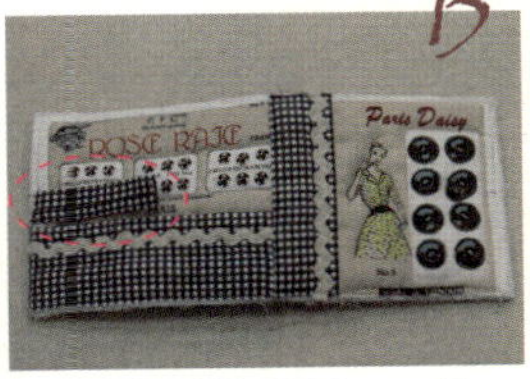

固定带扣（裁成7.5cm×5cm，对折后机缝，再翻回正面）。

16

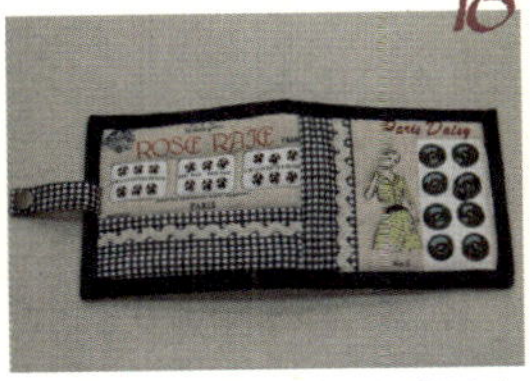

机缝滚边条包边（详细做法参见P119），扣带打上压扣。

17

短夹完成了。

神秘之黑运动型夹包

材　料

1. 表布：依图示
2. 里布：50cm
3. 薄布衬：30cm
4. 厚布衬：30cm
5. 滚边布：17cm
6. 拉链：10cm×1条、25cm×1条
7. 魔鬼毡：1组

信用卡夹层分隔线（总长35×11cm×2片）虚线为谷线

6	4.5	6	4.5	6	8

做　法

1

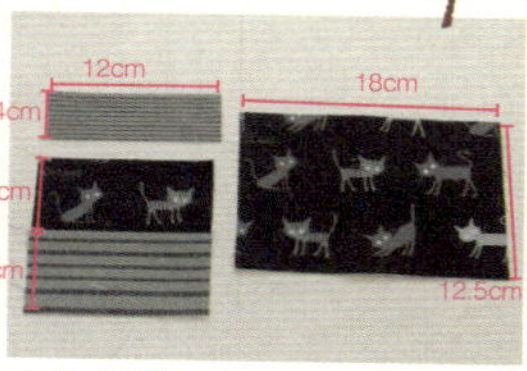

表布依图示尺寸（含缝份）裁剪。

2

中间猫图与下段横条布组合后烫上薄布衬，裁剪出里布（11cm×12cm），烫上薄布衬，拉链居中放置，再机缝一道固定线，然后翻回正面。

3

将4cm×12cm上段横条表布和里布烫上薄布衬，拉链居中，机缝一道固定线，再翻回正面，拉链袋就完成了。

4

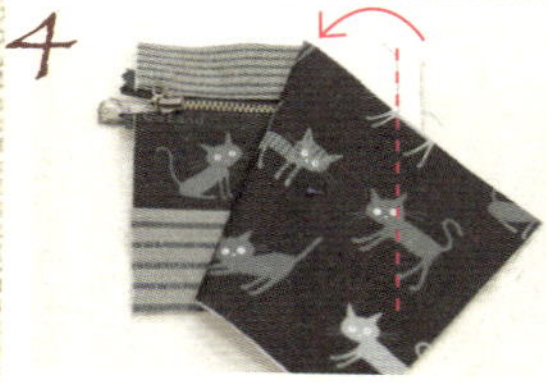

完成的拉链袋与12.5cm×18cm的右侧表布（烫厚布衬）机缝组合，然后裁成12.5cm×28cm。

5

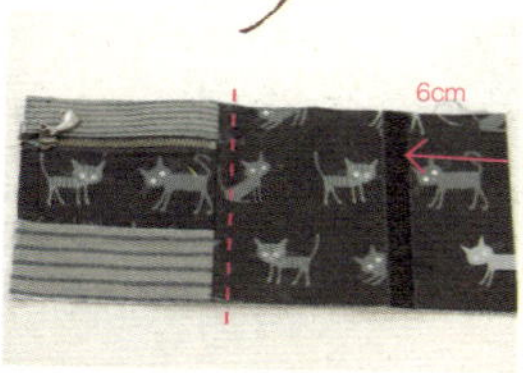

在距右边侧边缘6cm处缝上魔鬼毡毛面。

6

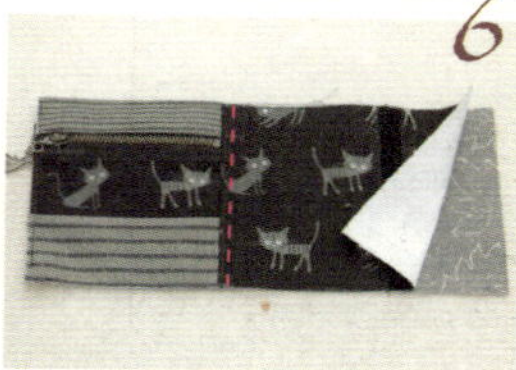

裁出12.5cm×28cm里布1片，烫上薄布衬后，与表布（图中红线处）缝合固定。

7

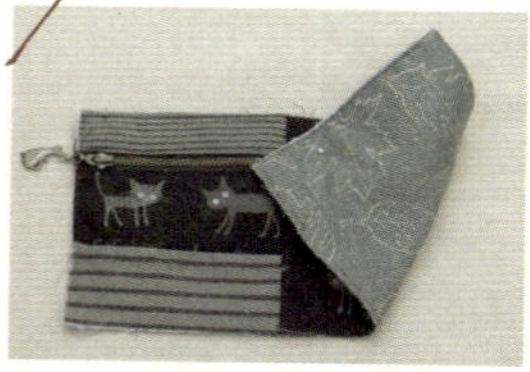

裁出12.5cm×28cm里布1片（不烫衬），与表布背对背机缝固定。

8

裁剪11cm×28cm里布2片，1片烫薄布衬，1片不烫衬，将25cm拉链居中放置并夹缝。

9

翻回正面，沿拉链边缘缝一道固定线。

10

2片信用卡夹层不烫衬，如图所示画出分隔线，再依分隔线整烫，折烫完成的尺寸为11cm×8.5cm（详细做法参见P120）。

11

其中1片信用卡夹层在距边缘1.5cm处缝上魔鬼毡。

12

另裁1片15cm×11cm中间单一夹层的里布，烫薄衬后对折。

13

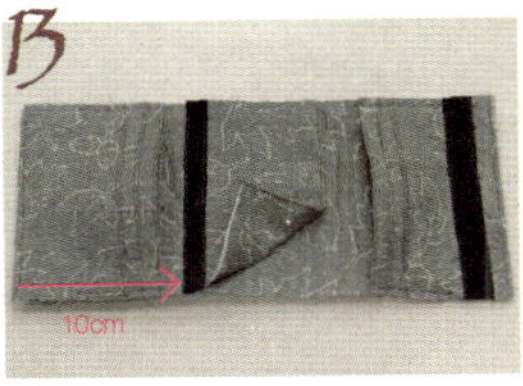

裁出11cm×28cm布片，烫上薄布衬，并将2片信用卡夹层固定在左右两侧，单一夹层固定在中间，用黑色素布（黄色滚边器，布的尺寸为2.5cm×11cm）装饰接合处。

14

裁出11cm×28cm布片，不烫衬，背对背机缝固定，再用黑色素布（黄色滚边器，布的尺寸为2.5cm×28cm）滚边。

15

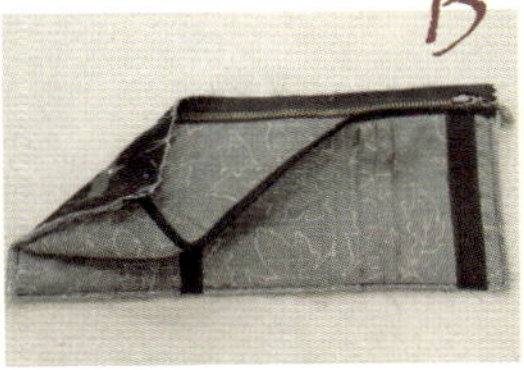

依序将表布、中层长拉链和夹层3片机缝四周固定。

16

上滚边布。

17

短夹完成了。

11

七只猫三段折夹

给爱做梦和常写信给自己的女生

一块布，七只猫，
成长的记忆，
开始于这层叠的夹包里——
我开始懂得支配自己，真开心。

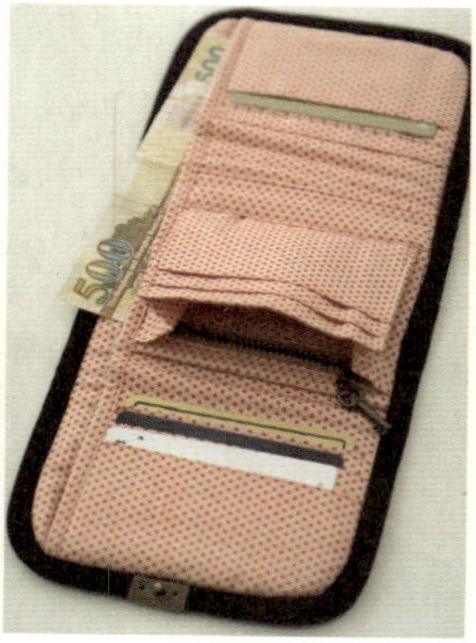

（夹层数14）做法参见P42

12

幸福猫长夹

给偶尔想变成一只猫的女生

用调色盘调出我要的粉红色天空，
习惯以慵懒的脚步走完整个夏天，
这就是属于我的简单幸福。

（夹层数15）做法参见P44

七只猫三段折夹

材 料

1. 表布（黑）：6cm×33cm×1片、7cm×33cm×1片
   表布（猫）：6cm×33cm×1片
2. 里布：50cm
3. 滚边布：17cm
4. 薄棉：35cm×20cm×1片
5. 薄衬：33cm
6. 拉链：8cm×1条
7. 压扣：1组

信用卡夹层分隔线（总长35cm×11cm×3片）虚线为谷线

8	6	4.5	6	4.5	6

做 法

1 表布组合完成图，尺寸约为16cm×33cm（含缝份），铺棉后烫薄衬，再压线。

2 压线完成后修齐成13cm×30cm（含缝份），在左侧距边缘7cm的中心点打上压扣。

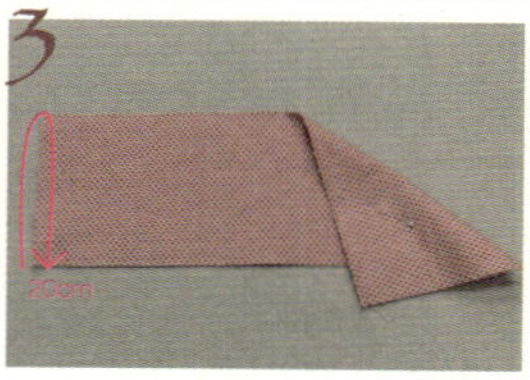

3 裁出20cm×30cm布片（不烫衬），如图对折。

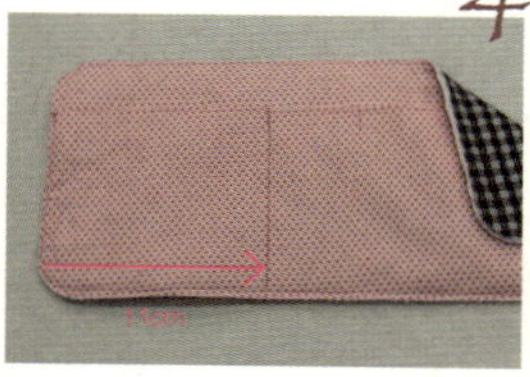

4 裁出13cm×30cm底布1片（烫衬），先与对折固定，在距左侧11cm处缝一道分隔线，然后与表布缝固定。

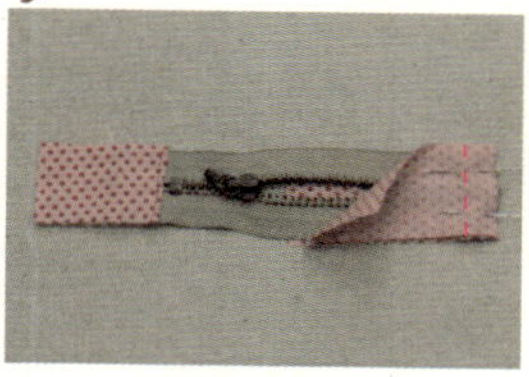

5 将8cm拉链两端分别接上布片（5cm×3cm，共4片），正面对正面缝一道固定线。

6 翻回正面，再缝一道固定线。

7 裁出11cm×8cm内拉链布2片，不烫衬，将拉链放在中层，以拉链压布脚机缝上方固定，再翻回正面沿边机缝固定。

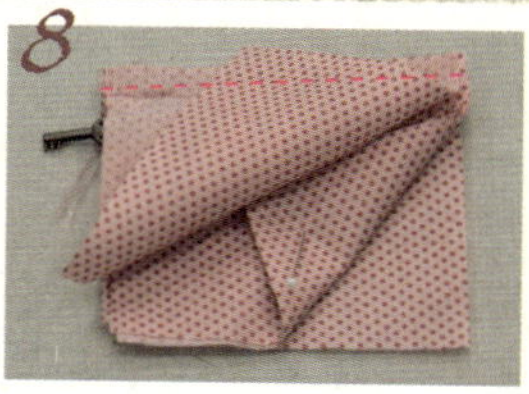

8 裁出11cm×9cm布2片，在拉链的另一边机缝固定。

9

2片布分别固定在拉链两侧的完成图。

10

向下拉至2片对齐后，裁齐成11cm×8.5cm，内拉链就完成了。

11

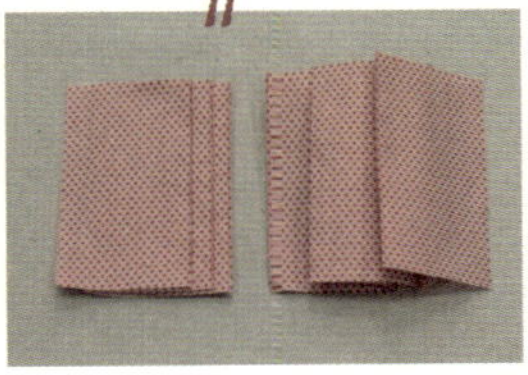

裁剪35cm×11cm信用卡夹层3片，依图示画出分隔线，不烫衬，依分隔线整烫。

12

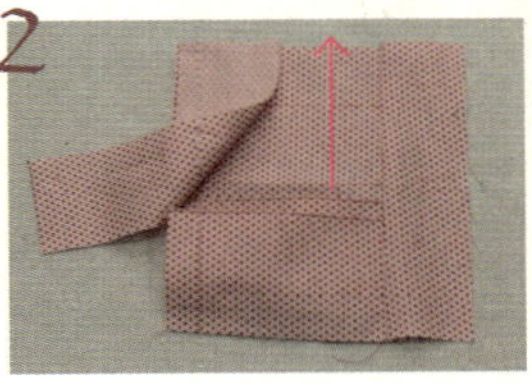

取其中1片信用卡夹层，将最后一层向上打开，在左右两侧缝上侧边布2片（5cm×16cm）。

13

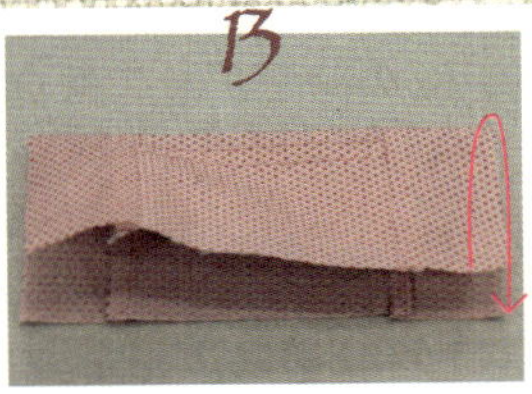

向后拉齐。

14

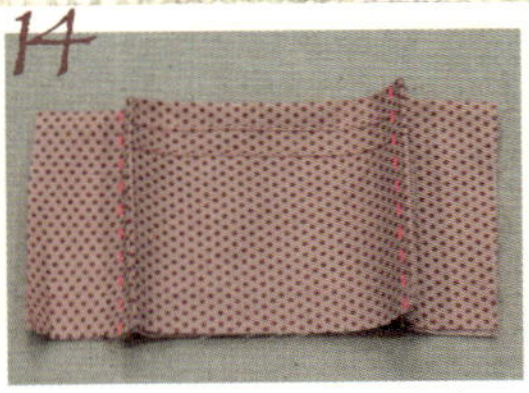

接合处抓起，缝一道固定线。

15

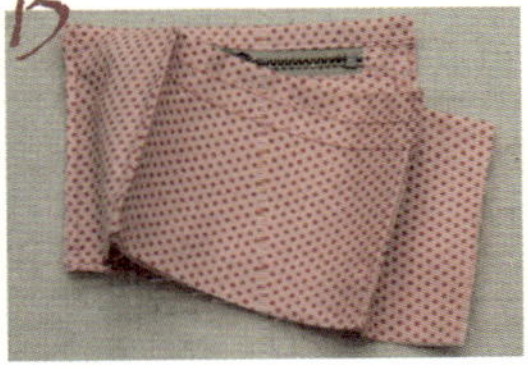

固定在内拉链袋上。

16

下端4cm滚边布固定在一侧。

17

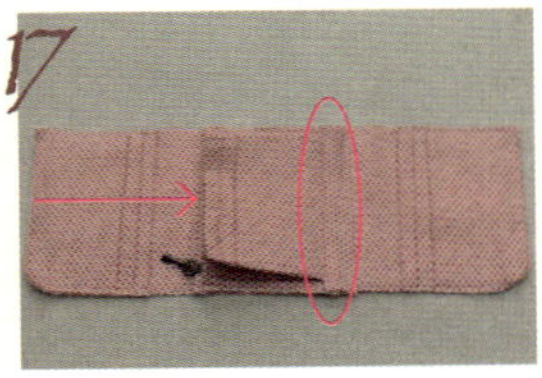

裁出30cm×11cm底布1片，将拉链固定的夹层放在中间，4cm滚边布机缝作装饰，左右两侧再固定另外2片夹层。

18

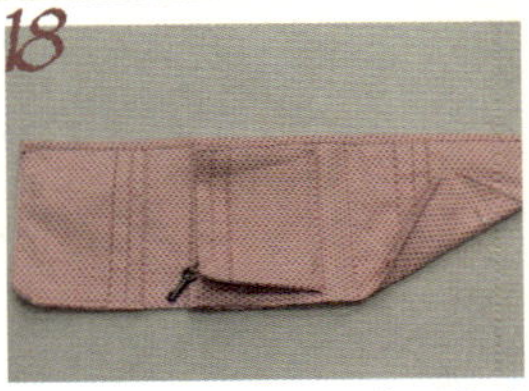

裁出30cm×11cm布片，背对背在边缘处缝上2.5cm的滚边条（黄色滚边器）。

19

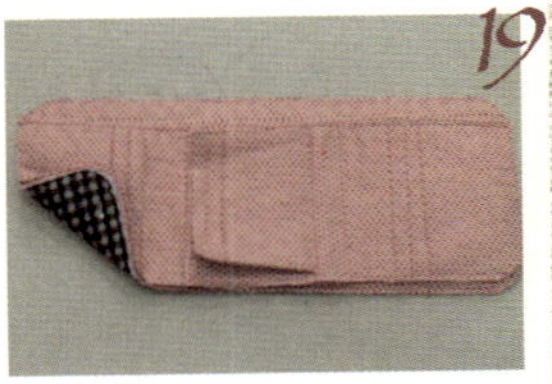

与表布固定（依纸型裁齐）。

20

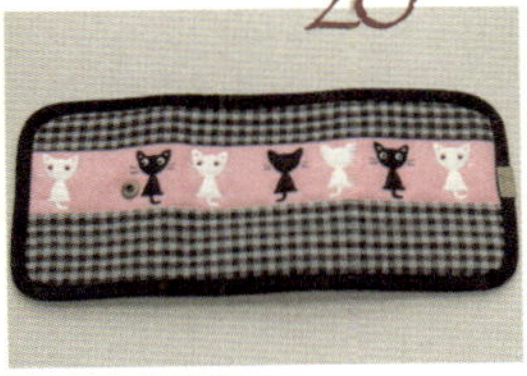

缝上黑色滚边布。

21

固定好压扣，短夹就完成了。

幸福猫长夹

材 料

1. 表 布：22cm×22cm×1片
2. 里布：30cm
3. 薄布衬：33cm
4. 厚布衬：33cm
5. 滚边布：17cm
6. 拉链：18cm×2条
7. 压扣：1组

右侧（与拉链同侧）信用卡夹层分隔线（总长35cm×20cm）虚线为谷线

6	4.5	6	4.5	6	8

左侧信用卡夹层分隔线（总长46.5cm×20cm）虚线为谷线

6	4.5	6	4.5	6	4.5	6	9

做 法

1

表布裁剪成22cm×22cm，铺棉后压线，再修剪成20cm×20cm（含缝份）。

2

带扣：裁剪8cm×8cm布片，烫上厚衬，沿“冂”形缝合固定，翻回正面后打上压扣。

3

裁剪9cm×20cm内拉链布4片（不烫衬），先取2片，将18cm拉链居中夹缝。

4

翻回正面，沿拉链边缘机缝一边固定线。

5

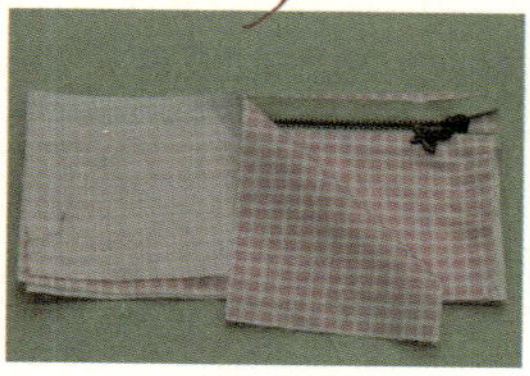

取另外2片，同样将18cm拉链居中夹缝。

6

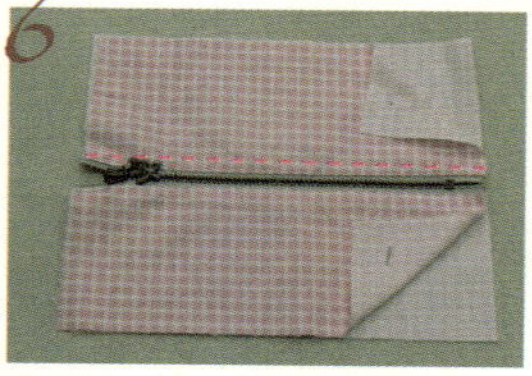

翻回正面，沿拉链边缘缝一道固定线。

7

后片向下折，露出拉链。

8

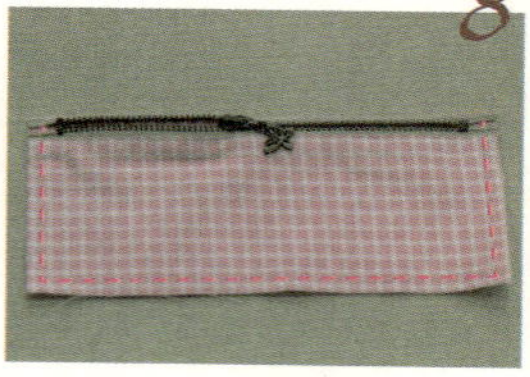

距边缘0.5cm机缝固定。

9

左右两侧信用卡夹层不烫衬，如图画出分隔线，再依分隔线整烫（详细做法参见P120）。

10

裁出20cm×20cm底布1片（烫薄衬），将拉链与左、右侧夹层依序固定在底布上。

11

裁出18cm×20cm里布1片（不烫衬），如图固定在左侧。

12

拉至右侧对齐。

13

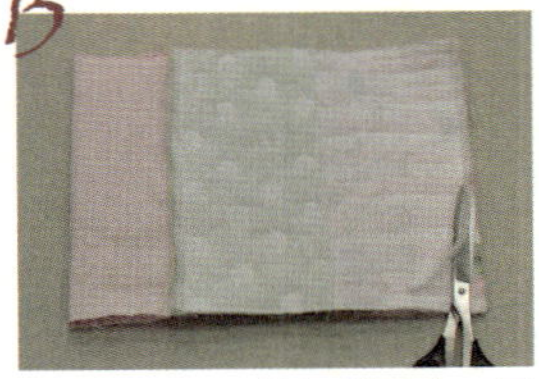

距边缘0.7cm处机缝固定，再剪掉缝份处的铺棉。

14

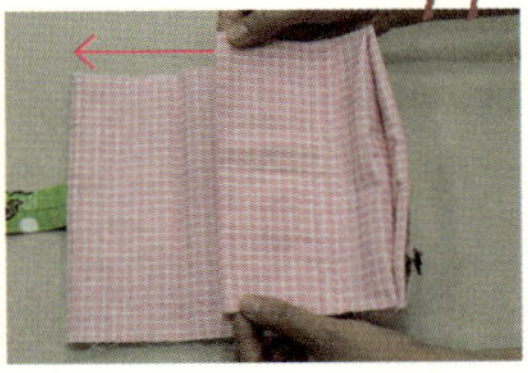

翻回正面，将夹层底布抓起，向上边对齐。

15

对齐后的完成图。

16

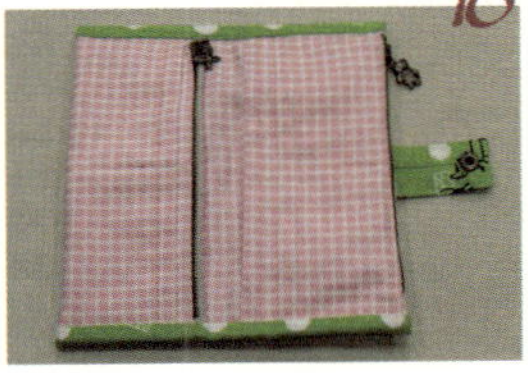

左右两边上滚边布。

17

缝上拉链。

18

长夹完成了。

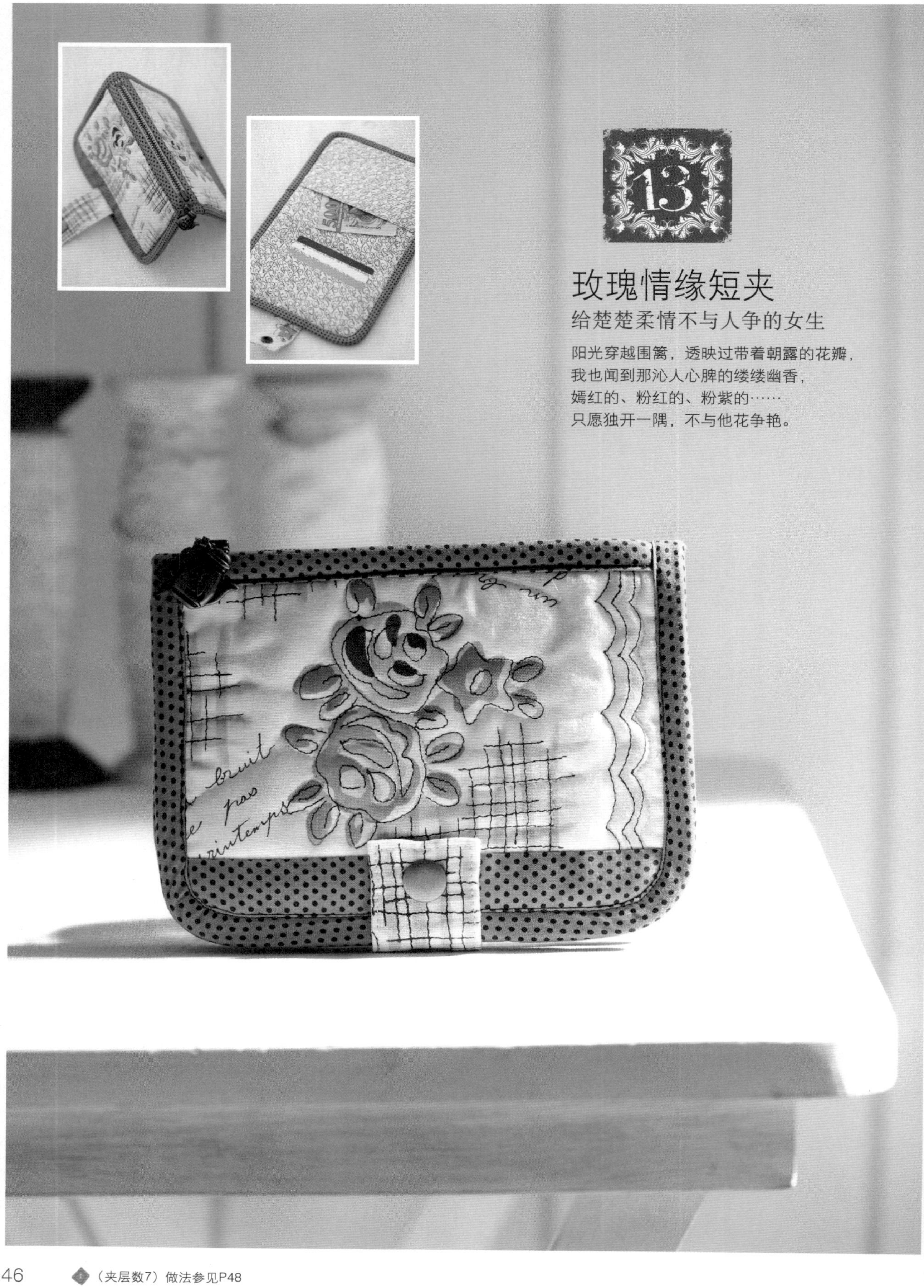

13

玫瑰情缘短夹

给楚楚柔情不与人争的女生

阳光穿越围篱，透映过带着朝露的花瓣，
我也闻到那沁人心脾的缕缕幽香，
嫣红的、粉红的、粉紫的……
只愿独开一隅，不与他花争艳。

（夹层数7）做法参见P48

14

玫瑰情缘长夹

给喜欢玫瑰且独立思考的女生

在星空点点的玫瑰花园里，
静静聆听花落的声音。
它的落地，
是为迎接再次绽放的喜悦。

（夹层数11）做法参见P48

玫瑰情缘短夹与长夹

材 料

1. 长夹表布：（花朵）10cm×22cm ×1片、（点点）5cm×22cm×1片
   短夹表布：（花朵）10cm×17cm×1片 、（点点）5cm×17cm×1片
2. 带扣：8cm×6cm×1片
3. 里布：（长夹）50cm、（短夹）33cm
4. 滚边布：0.5尺
5. 薄棉：（长夹）25cm×25cm×1片、（短夹）25cm×20cm×1片
6. 薄衬：50cm
7. 拉链：（长夹）18cm×1条、（短夹）15cm×1条
8. 压扣：1组

信用卡夹层分隔线（总长：长夹56.5cm×20cm、短夹56.5cm×15cm）
虚线为谷线

19	6	4.5	6	4.5	6	4.5	6

做 法

1

将表布组合好后烫薄衬，铺棉并烫薄衬，然后压线固定。

2

依纸型裁好尺寸，完成表布2片，裁出与表布同尺寸里布并烫薄衬，再与表布叠合，在距边缘0.5cm处机缝固定。

3

上滚边布。

4

上拉链。

5

左右两侧信用卡夹层不烫衬，依图示画出分隔线，再依分隔线整烫（详细做法参见P120）。

6

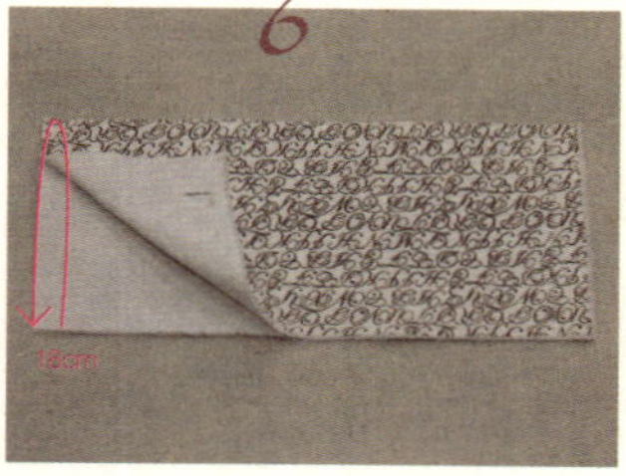

裁出长夹用布18cm×20cm或短夹用布18cm×15cm，烫上薄衬后对折烫平。

固定在信用卡夹层上，依纸型修剪，再裁出里布1片（不烫衬），与夹层背对背，在距边缘0.5cm处机缝一圈固定。

将带扣布对折，机缝完成后翻回正面，钉上压扣一侧，在距边缘2.5cm的中心处钉上另一侧压扣。

将夹层与表布背对背叠合，在距边缘0.5cm处机缝一圈固定。

将带扣固定在中心处。

上滚边布。

长夹与短夹就完成了。

15

星月传说短夹

给帅气又有个性的男生

月亮和星星在银河交会，
银辉抹在天际。
群星辉映，
谁也不抢谁的风采。

（夹层数11）做法参见P51

星月传说短夹

材　料

1. 表布：26cm×15cm×1片
2. 里布：50cm
3. 薄布衬：33cm
4. 滚边布：17cm
5. 拉链：20cm×1条

左右信用卡夹层分隔线（总长45cm×11cm）

7	4.5	5	4.5	5	4.5	5	4.5	5

做　法

1 裁出26cm×15cm表布，铺棉后自由压线。

2 自由压线，机缝出自己喜爱的图案。

3 裁齐成24cm×11cm（含缝份）。

4 与24cm×11cm的后背布，背对背机缝四周固定。

5 左右信用卡夹层不烫衬，画出分隔线，再依分隔线整烫，完成10cm×11cm信用卡夹层布2片。

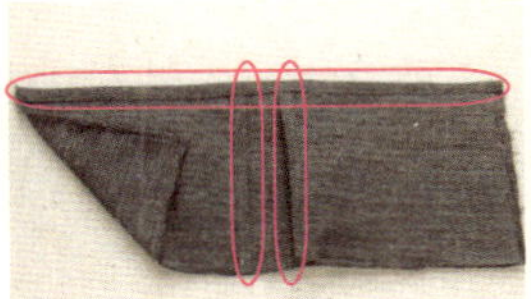

6 裁剪出2.5cm×24cm与2.5cm×10cm滚边布各2片（使用黄色滚边器），包住夹层后放在24cm×10cm底布上，再包上滚边布。

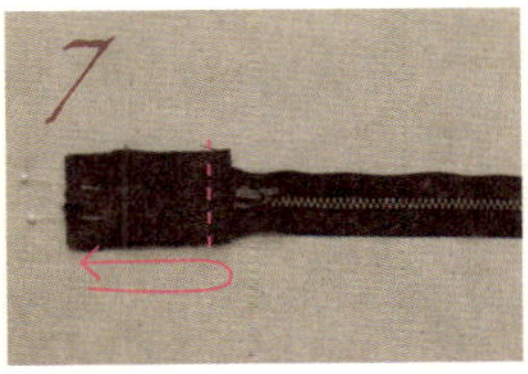

7 左右两端各需3cm×2cm布2片，拉链居中放置后夹缝，再翻回正面机缝固定。

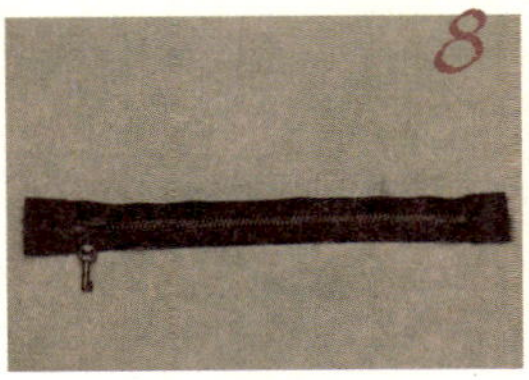

8 拉链两端完成固定。

9

裁出9cm×24cm布片2片，拉链居中放置，用拉链压布脚机缝固定。

10

向上翻开，露出拉链后烫平，再缝一道固定线。

11

裁出24cm×11cm布片，缝上拉链口袋（底部对齐）。

12

与表布固定。

13

盖上步骤6完成的信用卡夹层。

14

四周上滚边布，短夹完成了（背面图）。

15

作品就完成了。

休息一下，
我们要进入下一个美丽的主题。

旅人护照夹

好想出国玩，

办理好所有出境手续后，

等待登机的那段时间，

别让护照及登机卡收也不是，

拿也不是，成为一些累赘物——

帮护照及登机卡建个家吧，

让它们可以美美地被收纳，

一同陪伴你度过等待登机的时光。

16

花仙子护照长夹

给喜欢吉卜赛风情的女生

我把旅行中的甜蜜印记，
珍藏在美丽的相簿里，
让花仙子做幸福的见证。

（夹层数7）做法参见P58

17

淘气荷莉姑娘短夹

给天真无邪不想长大的女生

天真，无可捉摸，
天真，与世无争，
天真，专属孩提童年，
天真可否分些给成人？

（夹层数5）做法参见P60

花仙子护照长夹

材 料

1. 图案表布：13.5cm×19cm×2片
   上配色布：4.5cm×13.5cm×1片　下配色布：6cm×13.5cm×1片
2. 里布：50cm
3. 滚边布：17cm
4. 薄棉：30cm×30cm×1片
5. 薄衬：2尺×1片
6. 拉链：20cm×1条
7. 压扣：1组

做 法

1

组合13.5cm×19cm图案表布（含0.7cm缝份）2片，完成尺寸约为26.5cm×25.5cm，铺棉后烫薄衬，再机缝压线。

2

裁齐后铺棉，尺寸约为25cm×24.5cm。

3

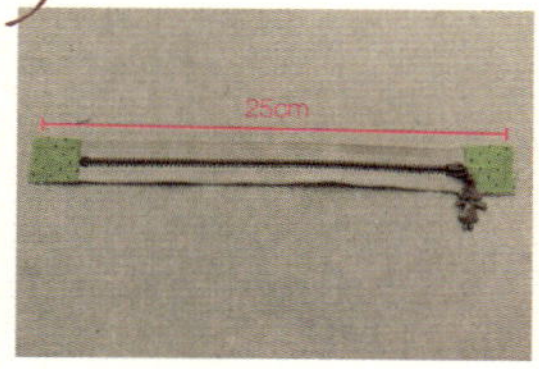

将20cm拉链的两端接上布片，总长约为25cm。

4

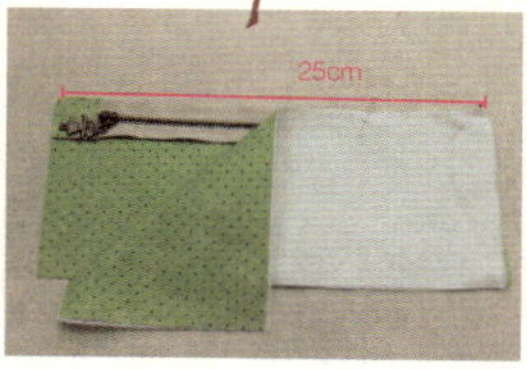

裁剪12cm×25cm布片2片，将拉链放在中层，用拉链压布脚机缝固定，然后翻回正面。

5

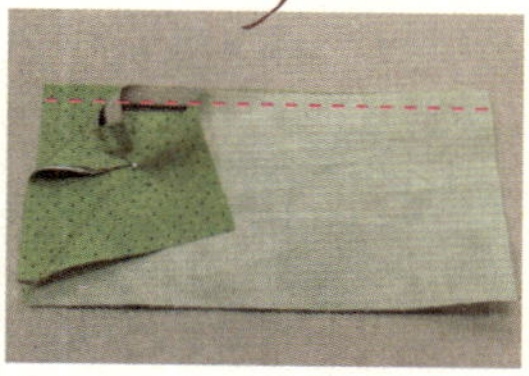

裁剪14cm×25cm布片2片，拉链放在中层，以拉链压布脚机缝固定。

6

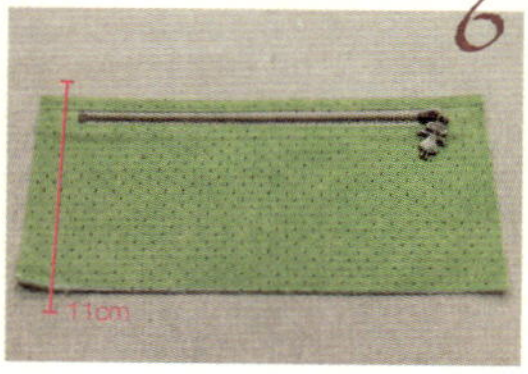

翻回正面，下边对齐后机缝四周固定，修齐为11cm×25cm。

7

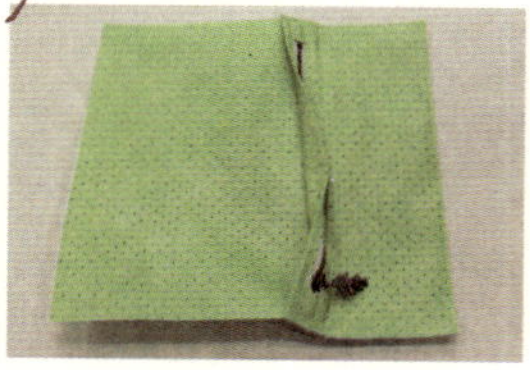

裁出25cm×24.5cm底布1片，烫上薄衬，与完成的拉链袋固定。

8

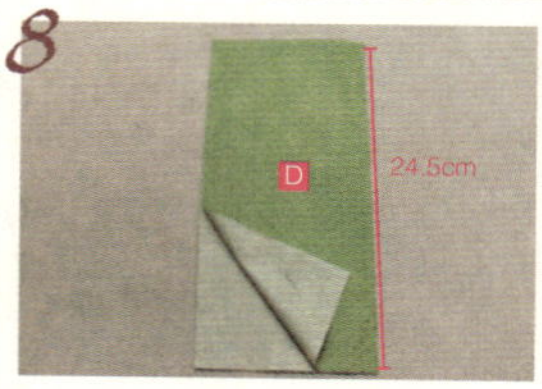

裁出24.5cm×22cm布片，对折后烫平。

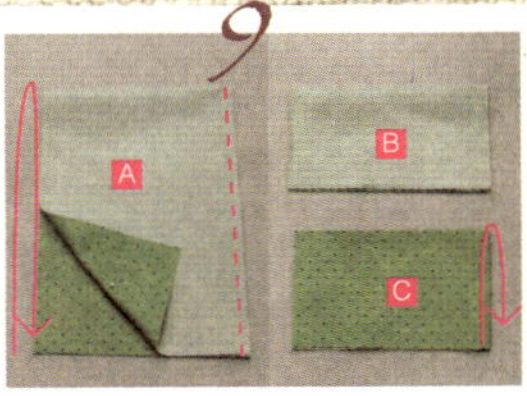

裁剪A布36cm×11.5cm，对折后机缝右侧及下方；B布22cm×11.5cm，对折后机缝右侧及下方；裁剪C布14cm×11.5cm，对折后机缝右侧。将A布、B布和C布全部翻回正面。

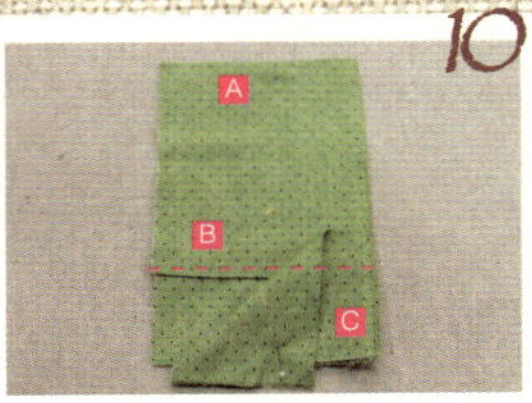

将夹层B和夹层C固定在夹层A上。

将夹层A、夹层B和夹层C固定在D布上。

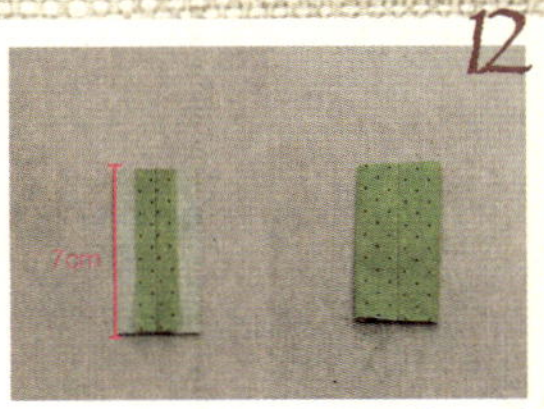

裁出7cm×8cm笔带用布，对折后机缝，再翻回正面，两端收边。

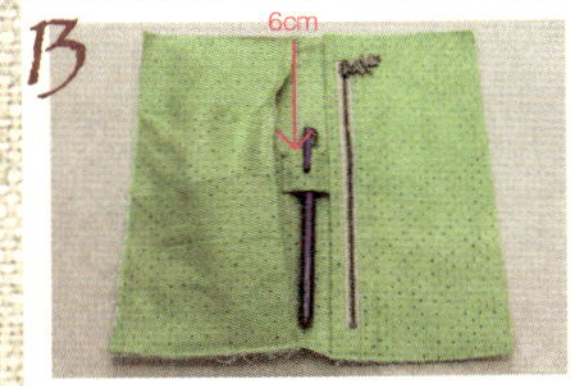

在距上端边缘6cm处缝上笔带。

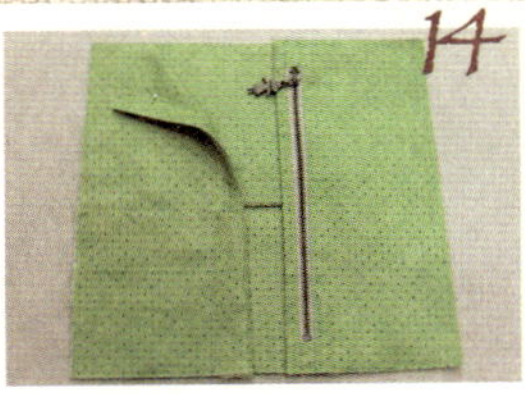

将D布固定在底布上。

与表布固定。

上滚边布（详细做法参见P119），完成后在中心点钉上压扣。

作品完成了。

淘气荷莉姑娘短夹

材 料

1. 表布：依图示尺寸
2. 里布：33cm
3. 滚边布：17cm
4. 薄棉：30cm×20cm×1片
5. 薄衬：33cm
6. 拉链：12cm×1条
7. 压扣：1组
8. 包扣：1个

信用卡夹层分隔线（总长51.5cm×15cm）虚线为谷线

6	4.5	6	4.5	6	4.5	20

做 法

1

表布袋身组合完整图，尺寸约为25cm×16cm（已含缝份），铺棉后烫薄衬，再机缝压线。

2

裁齐为15cm×24cm。

3

将前拉链袋图案表布烫厚衬，咖啡点背布烫薄衬，裁成8.5cm×15cm（已含缝份），背对背叠合，右侧上滚边布，再机缝12cm拉链。

4

将拉链的另一侧固定在距表布袋身左端9cm处。

5

右侧距边缘2cm处钉上压扣，左侧中心处缝上带扣。

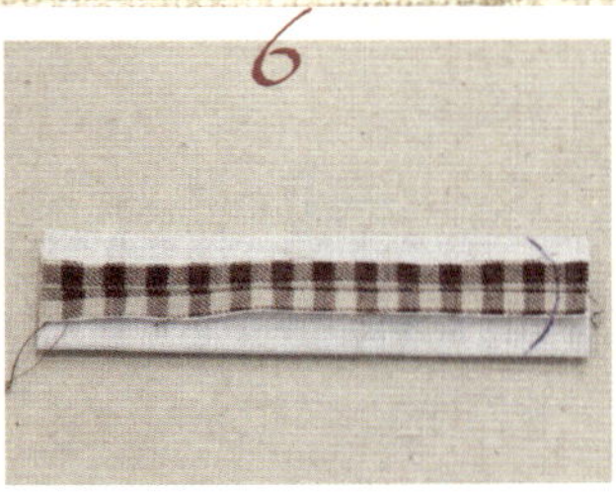

制作带扣：裁出8cm×8cm布片，烫薄衬，对折后机缝，缝份拨开烫平，画出弧度，再沿弧度机缝，然后翻回正面烫平，钉上压扣。

如图画出分隔线，烫薄衬后依分隔线整烫（详细做法参见P120）。

制作右侧夹层：将里布裁剪成18cm×15cm，烫薄衬后对折。

完成右侧夹层，固定在信用卡夹层右侧。

将完成的里布与表布背对背固定。

上滚边布，缝上包扣装饰，作品就完成了。

18

花仙子护照短夹

给喜欢与自己相处的女生

我喜欢一个人走走停停，
一个人思考，一个人随想，一个人对话……
其实我不寂寞，因为有花仙子陪伴我。

（夹层数3）做法参见P63

花仙子护照短夹

材 料

1. 图案表布：13.5cm×19cm×2片
2. 里布两色：17cm
3. 滚边布：17cm
4. 薄棉：25cm×20cm
5. 薄衬：17cm
6. 木扣：1个

信用卡夹层分隔线（总长35cm×16.5cm）

10	10	7.5	7.5

做 法

1

组合13.5cm×19cm（含0.7cm缝份）图案表布2片，完成尺寸约为25.5cm×19cm，铺棉后烫薄衬，再压线固定。

2

裁齐铺棉后，尺寸约为23.5cm×16.5cm。

3

左侧里布夹层烫薄衬，再依纸型裁剪。

4

对折后烫平。

5

右侧里夹层完成了。

6

里底布尺寸为23.5cm×16.5cm，烫上薄衬，再将两侧夹层固定在左右两侧。

7

将里布与表布固定。

8

将4cm×15cm制成带扣，固定在中心处。

9

上滚边布，缝上木扣就完成了。

多层功能夹

夹层多，不仅实用，

也能展示缝制者的水平。

长夹、短夹、

拉链夹、磁扣夹……

尽情玩出你的好手艺吧！

五层夹夹包（大）

给表面简单，内在却复杂的女生

在复杂与简单之间争辩不休，
权衡之后，总是又回到最务实的需求，
简单又实用，就是我的五层夹夹包。

（夹层数5）做法参见P68

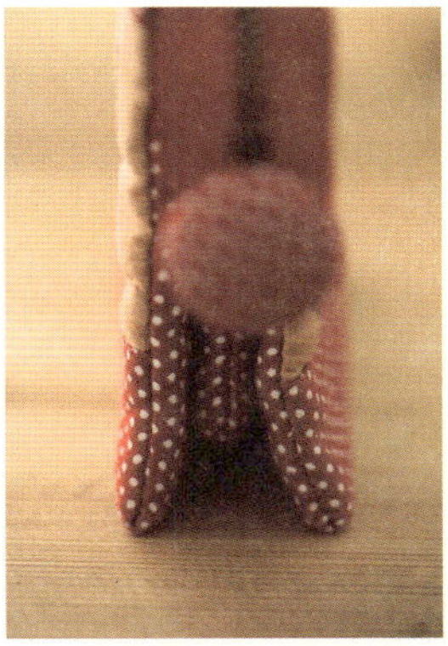

20

五层夹夹包（小）

给小时候就有心仪对象的女生

两小无猜的幸福，
没有怀疑，没有转折，
也许也没有未来，
但还是让人淡淡地怀想着。

（夹层数5）做法参见P68

五层夹夹包（大与小）

材 料

1. 图案表布：（长夹）11cm×23cm×2片
（短夹）7.5cm×16cm×2片
2. 点点里布：（长夹）66cm
（短夹）50cm
3. 薄棉：（长夹）25cm×15cm×2片
4. 薄衬：（长夹）66cm
（短夹）33cm
5. 拉链：（长夹）18cm、30cm
（短夹）10cm、20cm
6. 14mm包扣：4个

做 法

1

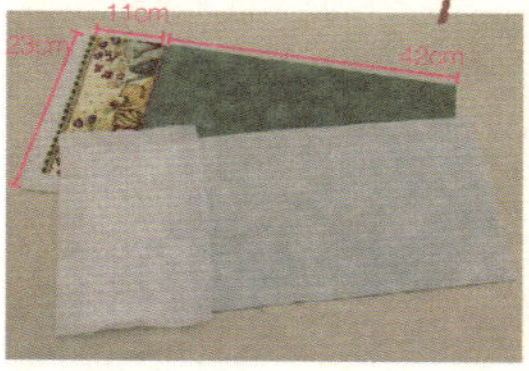

将图案表布11cm×23cm与点点布42cm×23cm（均含0.7cm缝份）各2片组合，完成尺寸为长夹51cm×23cm，2片皆烫上23cm×15cm半边铺棉。短夹点点布3.5cm×15cm（上）、37cm×15cm（下），图案7.5cm×15cm（中），组合完成后尺寸为15cm×45cm，不烫棉，烫半边薄衬。

2

2片两端分别向内折入1cm后烫平。

3

对折后左右各缝一道固定线，上边内折入约1cm不缝。

4

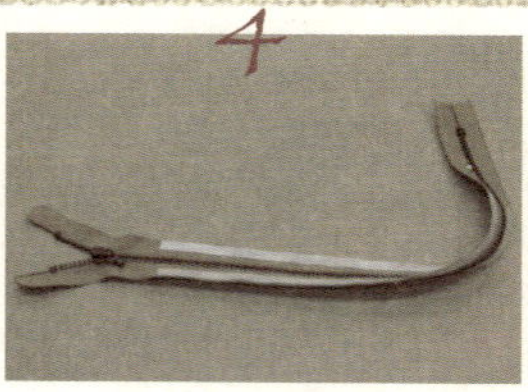

拉链两侧贴上布用双面胶。

5

撕下双面胶纸片，将表布内外夹住，长夹用30cm拉链，短夹用20cm拉链。

6

完成一侧拉链。

7

采用同样的方法完成另一侧拉链。

8

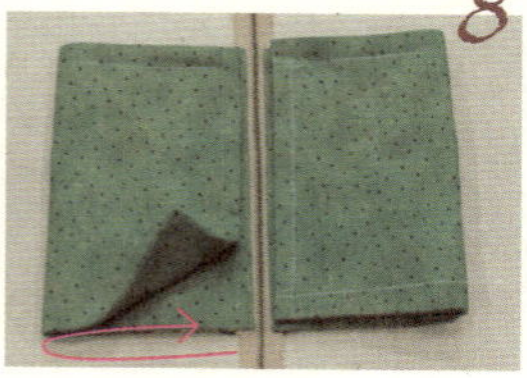

向拉链处对折。

9

裁出2片中层拉链袋布：长夹为23cm×19cm，短夹为14cm×19cm，分别烫上薄衬。

10

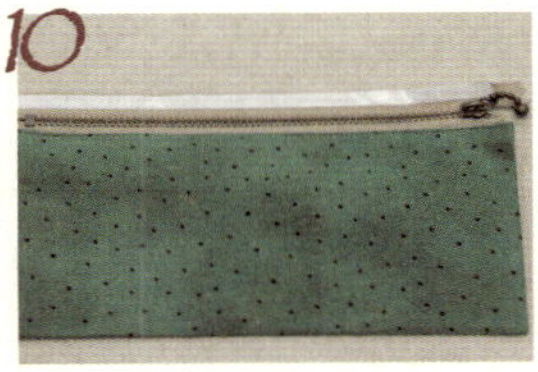

同外袋方法，将长夹18cm拉链（短夹10cm）居中夹缝固定。

11

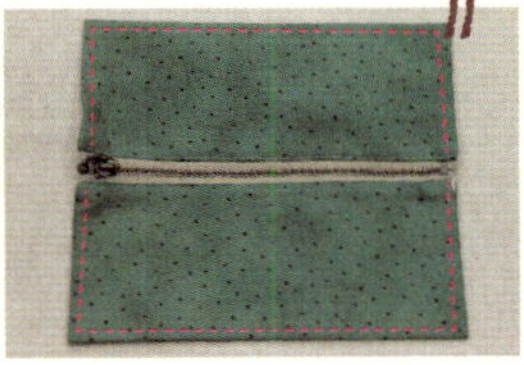

以同样的方法，完成另一侧拉链内袋，画出“冂”形机缝线（皆距边缘1cm）。

12

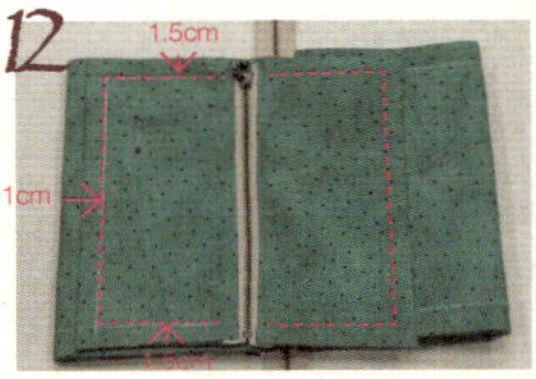

将中层袋置中，固定在外层袋上，左侧内袋与左侧外袋沿机缝线机缝固定。

13

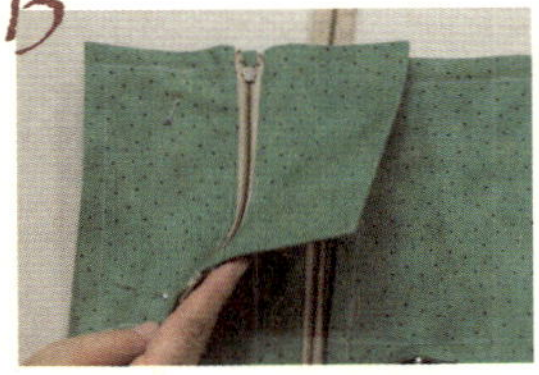

机缝固定时，外袋仅缝对折的上半段，下段不要缝。

14

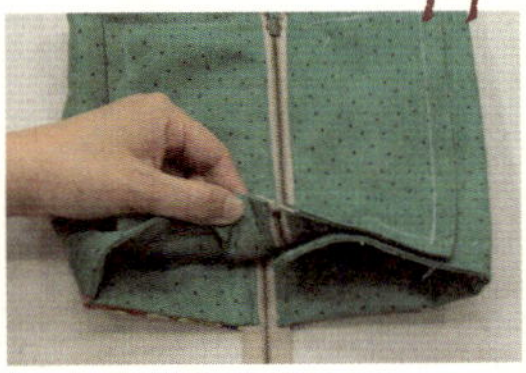

将内袋与外袋固定。

15

翻至正面，将左右2个拉链内袋向中间拉。

16

拉链内袋向中间拉，用卷针缝合。

17

将外袋以卷针缝合（由里侧缝合会比较美观）。

18

拉链两端缝上包扣（对贴）作品就完成了。

21

青春剪影手拿夹包

给品位时尚、魅力无限的女生

用属于青春的颜色，
烙印美丽的碎花印记，
花漾青春不需要包装，
你看到的就是真实的我。

（夹层数27）做法参见P72

22

复古风情多功能夹

给沉静内敛不多话的女生

棉麻布与先染布搭配，
很容易给人复古怀旧的情愫，
就像有气质内涵的你，
默默展现出迷人的风采。

（夹层数11）做法参见P74

青春剪影手拿夹包

材 料

1. 表布：24cm×22cm×2片
2. 皱褶装饰布：50cm×14cm×1片
3. 里布：66cm
4. 滚边布：17cm
5. 薄棉：25cm×50cm×1片
6. 薄衬：100cm
7. 拉链：15cm×1条、40cm×2条
8. 磁扣：1组

信用卡夹层分隔线（总长86cm×20cm×2片）虚线为谷线

9	7	6	4.5	6	4.5	6	6	4.5	6	4.5	6	7	9

做 法

1

将24cm×22cm表布2片铺棉后烫薄衬，再压线机缝。

2

将2片表布裁齐成22cm×20cm。

3

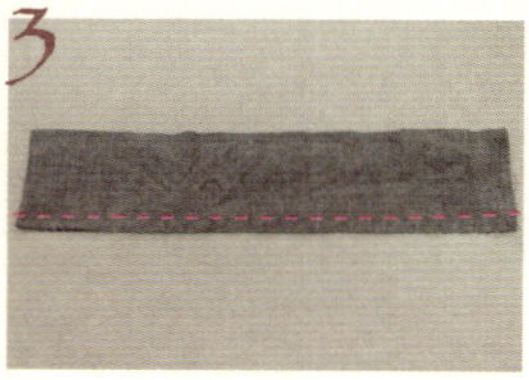

裁出50cm×14cm皱褶装饰布，对折机缝后预留返口。

4

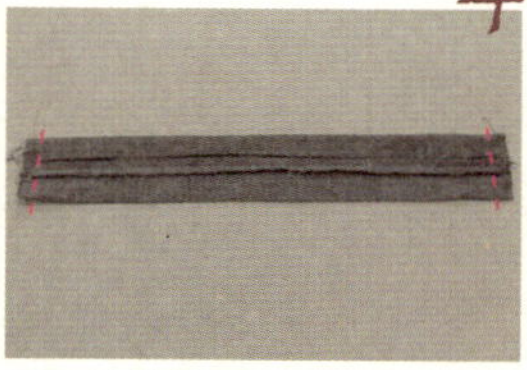

拨开缝份并烫平，两端封口。

5

翻回正面，缩缝成皱褶状。

6

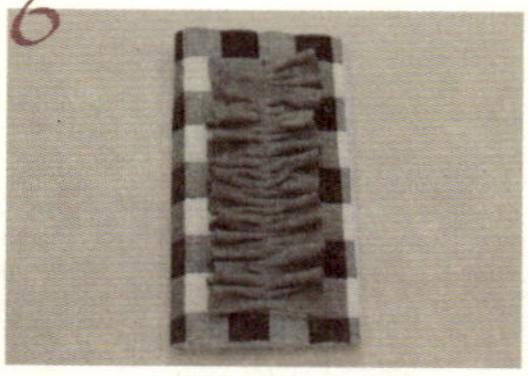

将皱褶布机缝固定在表布上。

7

剪出3cm×3cm小布片，重叠3片，与装饰扣缝合固定。

8

将装饰布片缝在皱褶上。

9

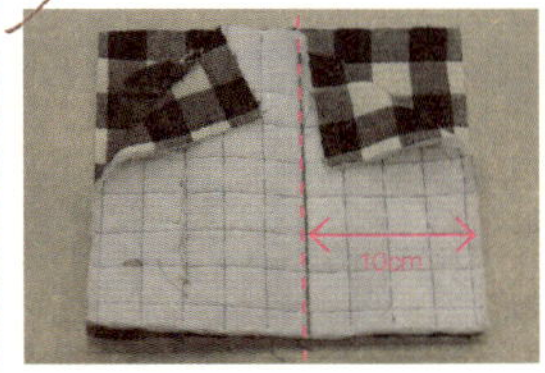

将2片表布正面对正面机缝固定。

10

固定完成的正面图。

11

信用卡夹层不烫衬，画出分隔线后，依分隔线整烫（详细做法参见P120）。

12

将夹层与表布固定，再依纸型修剪。

13

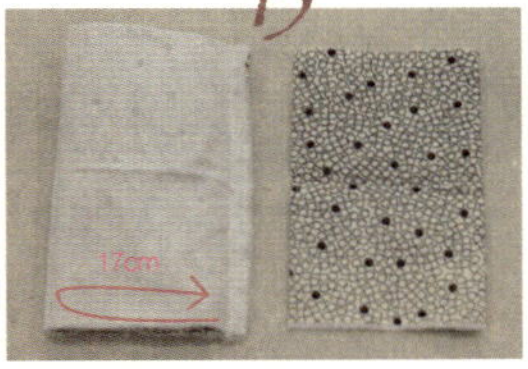

裁剪17cm×13cm侧边布4片（烫薄衬），正面对正面机缝，翻回正面后熨烫平整。

14

表布与侧边接合。

15

固定提带环后，缝上滚边布。

16

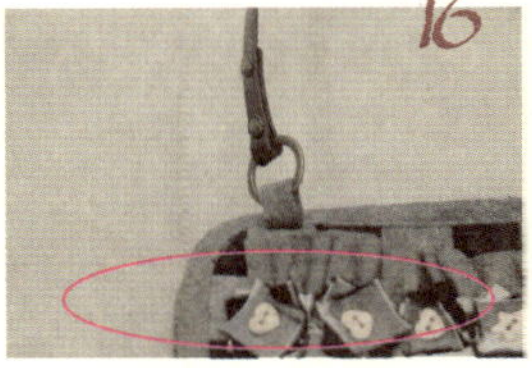

固定提带正面图。

17

两层皆缝上40cm拉链。

18

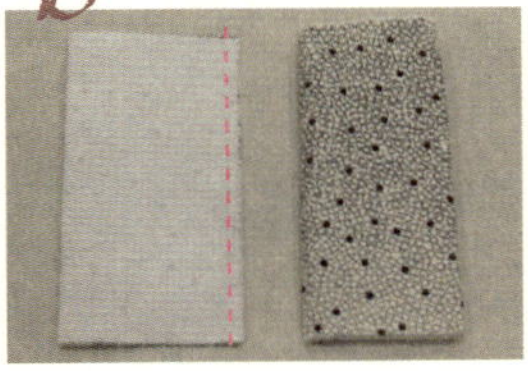

裁剪17cm×17cm分隔布1片（不烫衬），正面对正面机缝后，翻回正面烫平整。

19

固定在侧边布上，形成分隔层。

20

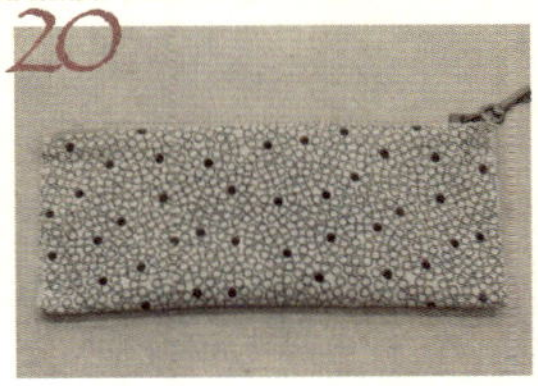

裁剪17cm×17cm内拉链布2片，1片烫薄衬，1片不烫衬（详细做法参见P121）。

21

固定在另一侧边布上，形成分隔。

22

两侧缝合固定。

23

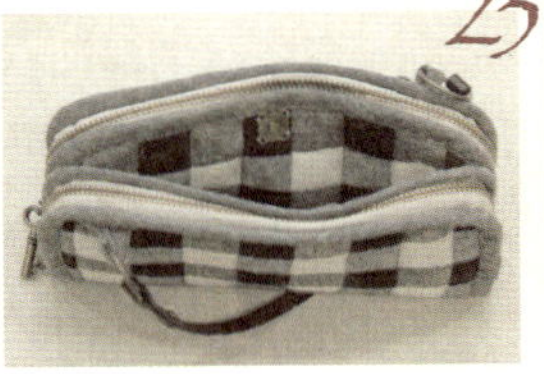

缝合完成后，中间缝好磁扣，形成内袋。

24

双层长夹完成了。

复古风情多功能夹

材　料

1. 表布：23cm×24cm×2片
2. 里布：33cm
3. 滚边布：17cm
4. 厚衬：33cm
5. 薄衬：33cm
6. 压扣：1组

外层小信用卡夹层分隔线（总26cm×23cm×2片）虚线为谷线

9.5	6	4.5	6

做　法

1

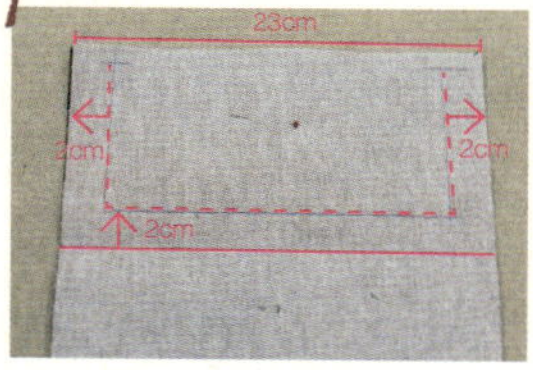

将23cm×24cm表布2片烫上厚衬，正面对正面，在上片画出一道中线（如图所示），下方和左右两侧距边缘2cm画出“冂”形，再沿“冂”形机缝固定。

2

机缝固定后，将上片折收。

3

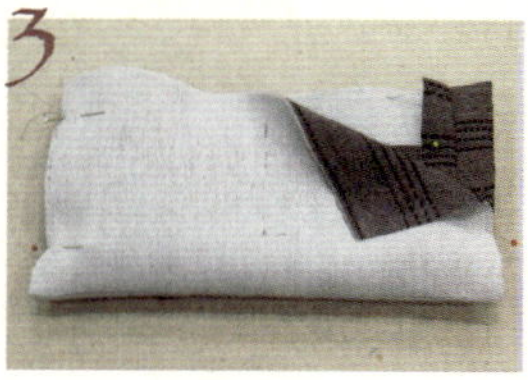

下片向上对折。

4

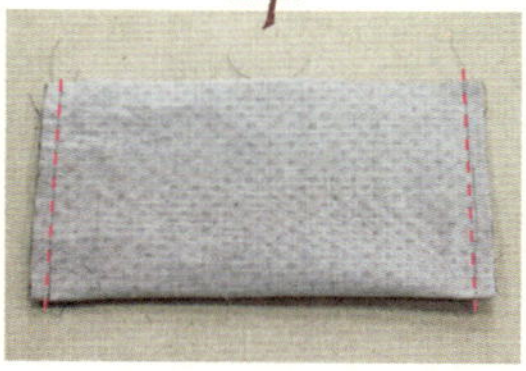

左右机缝0.7cm固定，底部打角2cm。

5

翻至正面。

6

下片再向上对折。

7

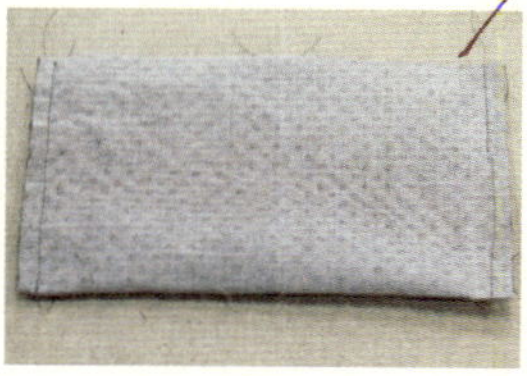

左右两边机缝0.7cm固定，然后在底部打角2cm。

8

翻回正面完成外袋。

9

夹层不烫衬，画出分隔线后，依分隔线整烫（详细做法参见P120）。将底部边抓至与前边布对齐。

10

机缝固定。

11

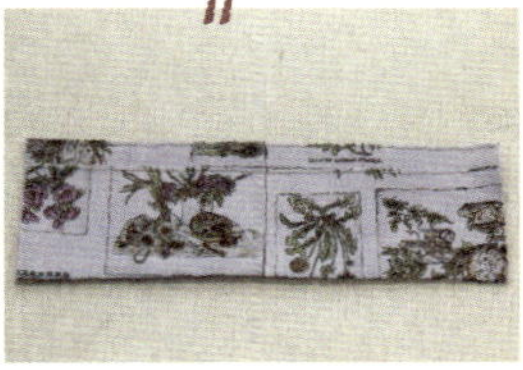

翻至正面，共完成2片夹层。

12

夹层分别固定在23cm×24cm的2片里布中，在夹层中间机缝一道分隔线。

13

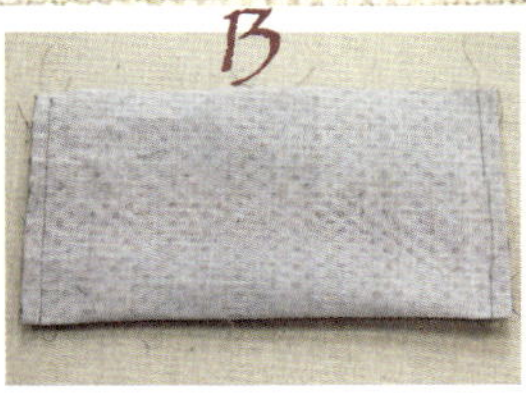

裁出23cm×24cm里布2片，烫薄衬后向上对折，左右两侧机缝固定，并在底部打角2cm，需留一个返口，完成2个内袋。

14

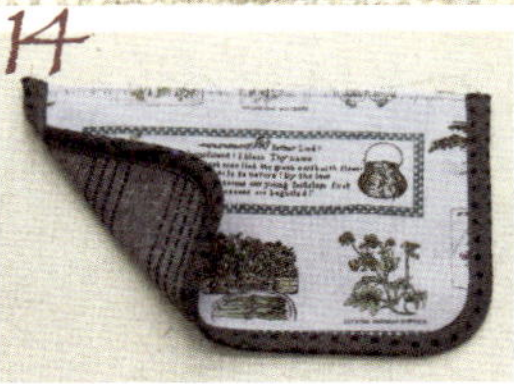

制作袋盖：表布与里布烫上厚衬，依纸型裁齐后上滚边。

15

袋盖与袋身固定。

16

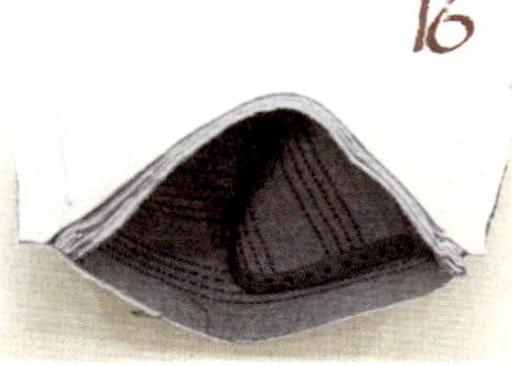

翻至背面。

17

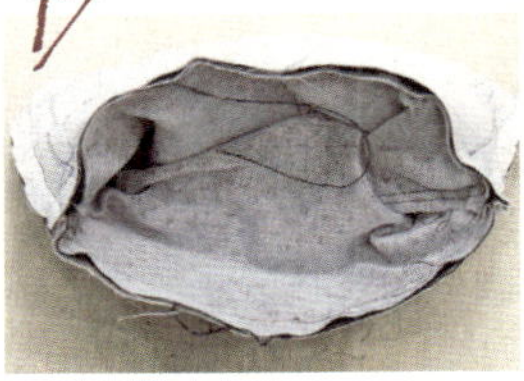

套入里袋，在袋口机缝一圈固定。

18

翻回正面。

19

由另一里袋翻至背面。

20

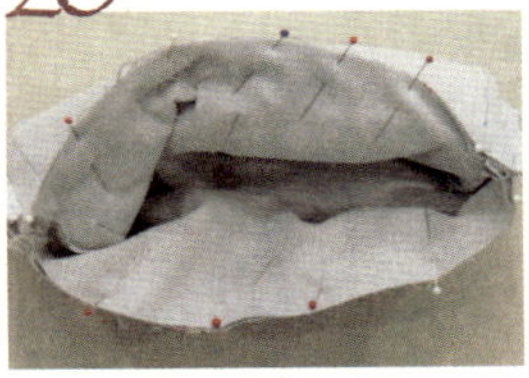

套入里袋，在袋口机缝一圈固定。

21

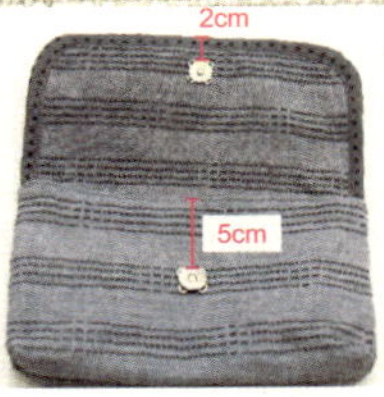

翻回正面，在距边缘2cm与5cm处缝上磁扣。

22

夹包完成了。

23

平行线双拉链长夹

给新世纪有个性的男女生

永不交会的两条平行线，
各自单调规律地运行着，
没有角色多重性的矛盾，
承载着满满的幸福因子。

（夹层数9）做法参见P78

24

栀子花长夹

给感情充沛、诗情画意的女生

秋光中，映照着栀子花白色的花瓣，
轻轻落下，幻化成瞬间的绮丽，
仿佛又听到了另一朵花开的声音。

（夹层数21）做法参见P80

平行线双拉链长夹

材 料

1. 表布：13cm×22cm×2片
2. 里布：66cm
3. 侧边布：33cm×7cm×1片
4. 薄棉：16cm×25cm×2片
5. 薄衬：33cm
6. 拉链：27cm×2条

信用卡夹层分隔线（长夹37cm×21cm×2片）虚线为谷线

7	4.5	6	4.5	6	9

做 法

1

裁剪13cm×22cm表布2片，铺棉，烫上薄衬后压线，再依纸型尺寸剪下。

2

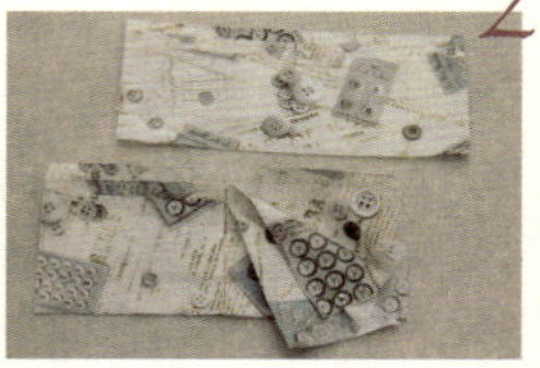

夹层不烫衬，画出分隔线后，依分隔线整烫（详细做法参见P120）。

3

依纸型大小裁剪里布2片，与信用卡夹层机缝固定。

4

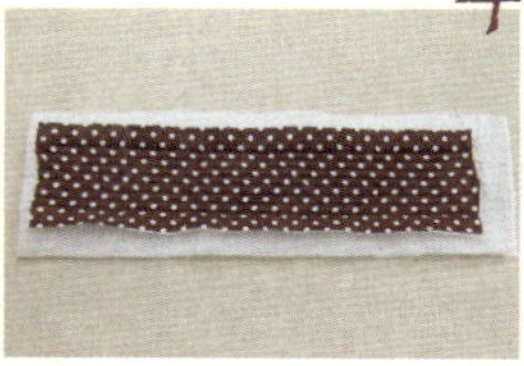

裁出33cm×7cm侧边布，铺棉、烫衬后压线。

5

裁剪31cm×3cm侧边布和里布31cm×3cm各2片，均烫上薄衬。

6

将27cm拉链放在中层夹缝。

7

拉链夹缝完成。

8

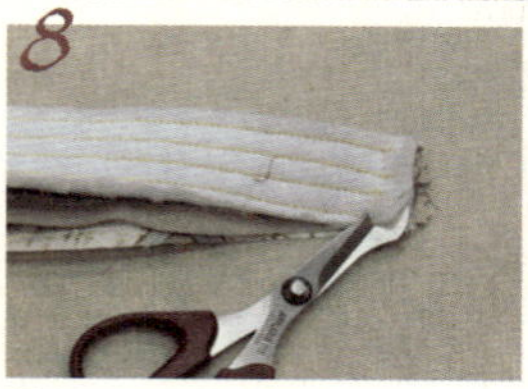

剪掉两端缝线之外多余的铺棉。

9

翻回正面，表布与里布在距边缘0.5cm处机缝固定。

10

将侧身与表布机缝固定。

11

裁出里布1片（烫薄衬）盖上，再机缝一圈固定（需留1个返口）。

12

由返口翻回正面。

13

另一侧拉链与有夹层的里布固定。

14

固定另1片拉链侧身。

15

翻回正面。

16

盖上另1片有夹层的里布，再机缝固定（留1个返口）。

17

由返口翻回正面。

18

侧面图。

19

盖上表布。

20

机缝一圈固定。

21

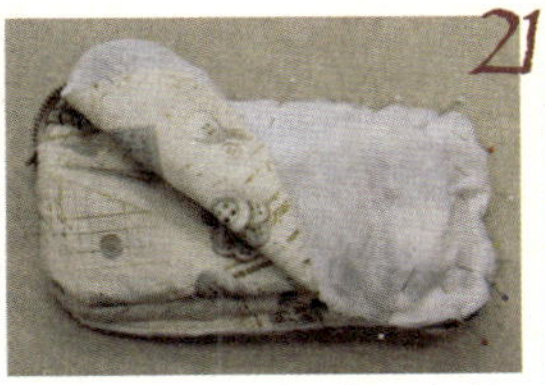

翻至另一侧，裁1片里布（烫薄衬）盖上，再机缝一圈固定（需留1个返口）。

22

由返口翻回正面。

23

缝合返口，长夹包就完成了。

栀子花长夹

材　料

1. 表布：32cm×22cm×1片、22cm×24cm×1片
2. 里布：66cm
3. 滚边布：17cm
4. 薄棉：60cm×25cm×1片
5. 薄衬：66cm
6. 磁扣：1组
7. 压扣：1组
8. 拉链：15cm×1条

袋盖面的信用卡夹层分隔线（96cm×20cm）虚线为谷线

10	7	6	4.5	6	4.5	6	6	4.5	6	4.5	6	7	18

带扣面的信用卡夹层分隔线（49.5cm×20cm）

18	4.5	6	4.5	6	4.5	6

做　法

1 表布裁剪成22cm×32cm与22cm×24cm，烫薄衬后铺棉，再烫薄衬，然后机缝压线。

2 压线完成后，修齐成20cm×30cm与20cm×22cm（均含缝份）。

3 裁出10cm×8cm带扣布，烫厚衬，对折后机缝，拨开缝份烫平，上方机缝一道封口。

4 翻回正面，再沿边机缝固定。

5 将带扣机缝固定在中心处。

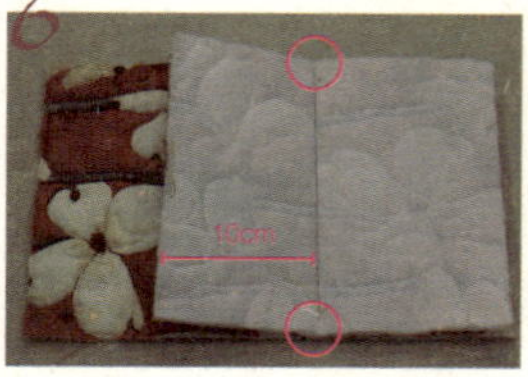

6 距左侧10cm处压缝一道，以固定上下两层，两端各留1.5cm不缝（方便滚边使用）。

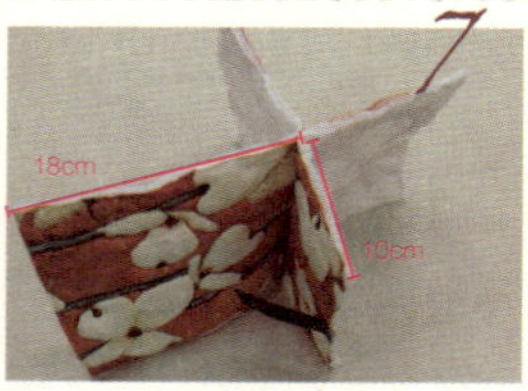

7 完成上下两层的侧面图。

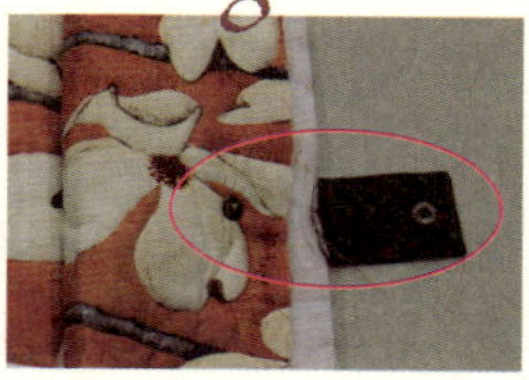

8 钉上压扣（压扣距离：带扣距边缘2cm，袋身距边缘2.5cm）。

9

翻至另一面（有袋盖较长的一面），在距边缘3cm中心处钉上磁扣的母扣。

10

信用卡夹层不烫衬，画出分隔线后，依分隔线整烫（详细做法参见P120）。

11

带扣面的信用卡夹层折烫完成，将18cm×20cm布对折，固定在左侧，形成口袋。

12

将表布与带扣面的信用卡夹层机缝四周固定。

13

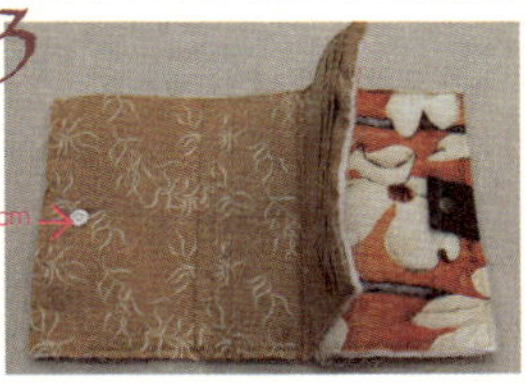

表布与袋盖面的信用卡夹层机缝四周固定，在距边缘2.5cm处钉上磁扣的子扣。

14

裁出17cm×13cm侧边布2片（烫薄衬），正面对正面机缝，再翻回正面烫平整。

15

将两侧边与袋盖面的表布接合。

16

上完滚边布后的侧面图。

17

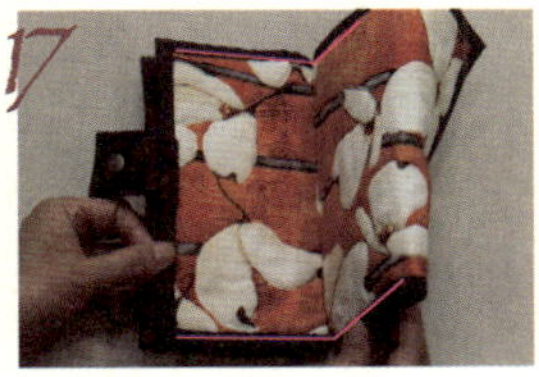

将两层缝合固定。

18

以藏针缝缝合固定。

19

裁剪17cm×17cm内拉链布2片，1片烫薄衬，1片不烫衬（详细做法参见P121）。

20

将拉链袋左右两侧机缝固定。

21

缝上包扣，作品就完成了。

传统实用夹

布尾标能干嘛?

一般人大概在裁布的第一时间,

就会立刻将它扔进垃圾桶;

只有别具巧思的创作者,

才知道那可是一个创意的好点子!

利用拼布的技巧与配色的功力,

让布尾标有了新生的魅力!

MARCUS Fabrics
LECIEN
Atelier Akiko
Printed by LECIEN
Akiko
moda fabrics
for moda
American Jane Patterns
Sandy Klop

25

花之心房夹包

给积极进取、乐观生活的女生

春光总是短暂的，
在有晴有雨的日子里深耕播种，
总能让心房开出片片花海。

（夹层数18）做法参见P86

26

旅人印记夹包

给喜欢简单幸福的女生

从一个城市到另一个城市，
我不停地记录新的心情故事，
像翻开一封盖满邮戳的信，
涌现出无限美好的回忆。

4（夹层数9）做法参见P88

花之心房夹包

材　料

1. 表布A：22cm×12.5cm×2片
   表布B：12cm×20cm×1片
2. 里布：66cm×1片
3. 滚边布：17cm×1片
4. 薄棉：25cm×40cm×1片
5. 薄衬：33cm×1片
6. 拉链：15cm×1条、40cm×1条
7. 压扣：1组

外层小信用卡夹层分隔线（40cm×11cm）虚线为谷线

8.5	4.5	6	4.5	6	4.5	6

长夹信用卡夹层分隔线（86cm×20cm）

9	7	6	4.5	6	4.5	6	6	4.5	6	4.5	6	7	9

做　法

1

将图案表布烫在奇异纸衬上（温度要够高，胶才会粘在布上）。

2

剪下需要的图，撕下奇异纸衬（胶粘在布下）。

3

烫在尺寸为22cm×12.5cm表布A和20cm×12cm表布B上。

4

将3片表布铺棉后烫白薄衬，再机缝压线。

5

将烫有花朵的2片布裁齐为12cm×20cm与11cm×17cm，无花朵的1片则裁齐为12cm×20cm。

6

裁剪18cm×20cm外口袋布，对折后烫平，在上方缝一道固定线。

7

将外口袋机缝固定在无花朵图案的表布A上。

8

外层小信用卡夹层不烫衬，画出分隔线后，依分隔线整烫（详细做法参见P120）。

9

裁剪一样大小的布片放在背面，右侧上滚边布（2.5cm滚边布）。

10

放在烫薄衬的11cm×17cm里布上。

11

再与贴有花朵的11cm×17cm表布组合。

12

上滚边布（详细做法参见P119）。

13

放在另2片表布中间夹缝。

14

背面接合处拨开，以卷针缝合。

15

钉上压扣（上方压扣距边缘3cm）。

16

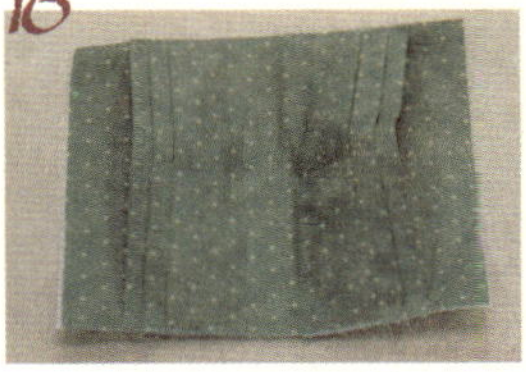

内层信用卡夹层不烫衬，画出分隔线后，依分隔线整烫（详细做法参见P120）。

17

将完成的夹层与表布固定后，依纸型修剪。

18

裁剪出17cm×13cm侧边布2片（烫薄衬），正面对正面机缝，再翻回正面烫平整。

19

接合表布与侧边。

20

上滚边布。

21

裁剪17cm×17cm内拉链布2片，1片烫薄衬，1片不烫衬（详细做法参见P121）。

22

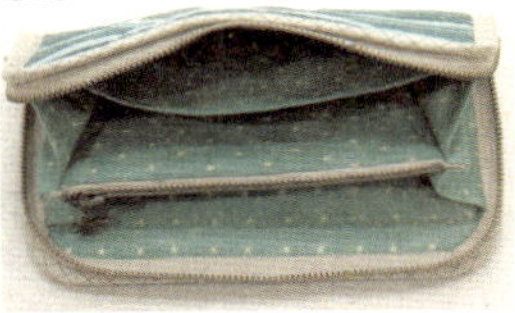

缝上拉链，固定好拉链内口袋。

23

长夹包完成了。

旅人印记夹包

材　料

1. 表布：11cm×16cm×2片
2. 里布：33cm
3. 滚边布：17cm
4. 薄棉：15cm×20cm×1片
5. 薄衬：33cm
6. 拉链：35cm×1条

信用卡夹层分隔线（36cm×12cm×2片）虚线为谷线

6	4.5	6	4.5	6	9

做　法

1

裁剪11cm×16cm表布2片，烫上薄衬后铺棉，再烫薄衬并压线。

2

依纸型尺寸剪下。

3

与同样大的里布背对背机缝固定。

4

将2片靠中间部分缝上滚边布。

5

中间上滚边部分缝上拉链（正面图）。

6

上拉链完成图（背面图）。

7

2片信用卡夹层不烫衬，画出分隔线后，依分隔线整烫（详细做法参见P120）。

8

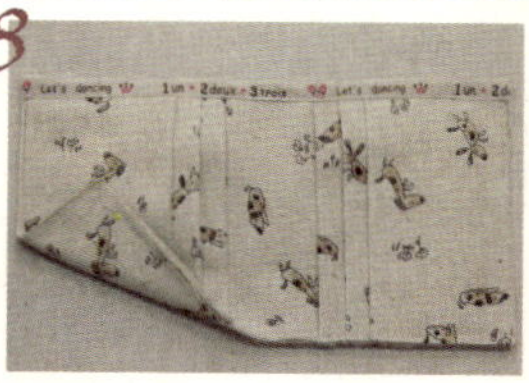

裁剪20.5cm×12cm底布2片，背对背机缝固定。将信用卡夹层固定在左右两侧，上方缝上滚边布（使用黄色滚边器），布条为2.5cm×20.5cm。

9

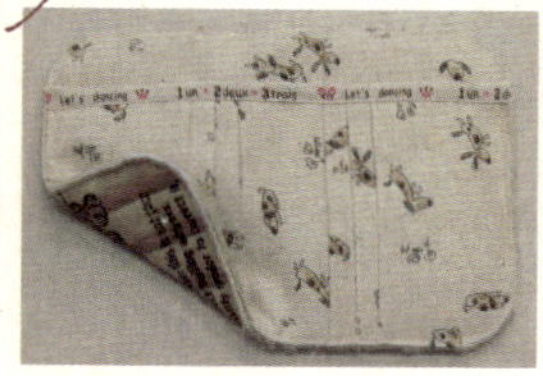

将表布与同样大的里布背对背机缝固定，再与夹层组合。

10

缝上外侧滚边布，再缝上拉链，然后缝上内侧滚边。

11

作品完成图。

27 环保布标拼接长夹

给勤劳俭朴、爱惜物品的女生

一段段待弃的布尾标，
拼接出不协调的美感；
这就是我的个性长夹，
原创精神的真正表现。

◆（夹层数9）做法参见P91

28

环保布标拼接短夹

给勇闯创意市集的女生

传世已久的多功能短夹，
是许多手作人的最爱，
利落、清爽又非常实用，
是不可不做的长青款夹包。

（夹层数9）做法参见P89

环保布标拼接长夹与短夹

材料

1. 表布：一堆布边
2. 里布：（长夹）50cm、（短夹）33cm
3. 滚边布：17cm
4. 薄棉：（长夹）25cm×25cm×1片、（短夹）16cm×25cm×1片
5. 薄衬：（长夹）1.5尺、（短夹）33cm
6. 拉链：（长夹）15cm、40cm各1条（短夹）10cm、35cm各1条

信用卡夹层分隔线（86cm×20cm长夹、86cm ×14cm短夹）

9	7	6	4.5	6	4.5	6	6	4.5	6	4.5	6	7	9

做法

1

将布边条1片叠上另1片机缝固定。

2

完成尺寸约长夹12.5cm×22cm，短夹12.5cm×15cm，各2片。

3

底对底接合（注意文字的方向），形成尺寸约长夹23.5cm×22cm，短夹23.5cm×15cm，铺棉后压线。

4

依纸型尺寸裁剪。

5

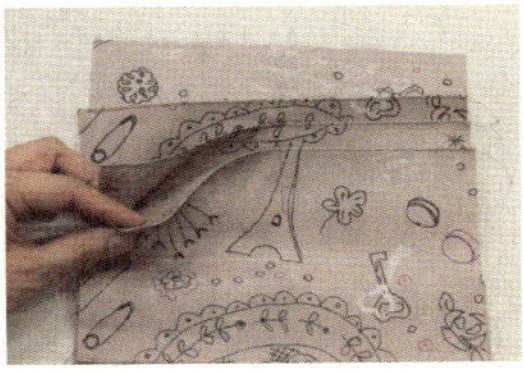

信用卡夹层不烫衬，画出分隔线后，依分隔线整烫（详细说法参见P120）。

6

裁出17cm×13cm（长夹和短夹）侧边布2片，烫薄衬后，正面对正面机缝，再翻回正面烫平整。

7

表布与侧边接合。

8

裁剪长夹17cm×17cm或短夹12cm×17cm内拉链布2片，1片烫薄衬，1片不烫衬（详细做法参见P121）。

9

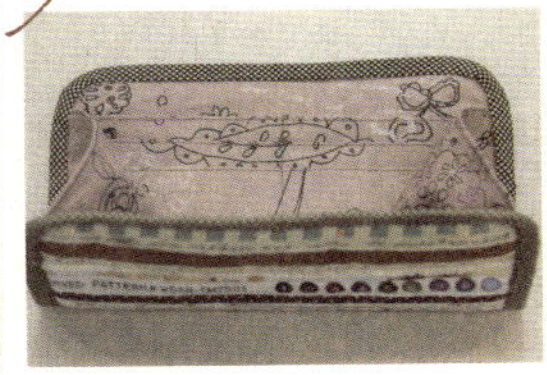

上滚边布。

10

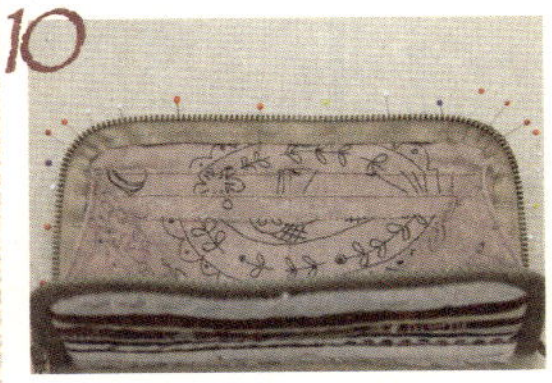

缝上35cm拉链。

11

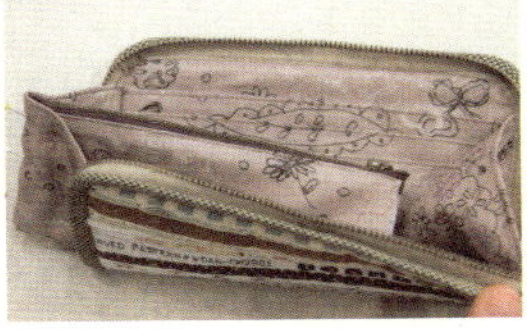

将内拉链袋固定在左右两侧边布上。

12

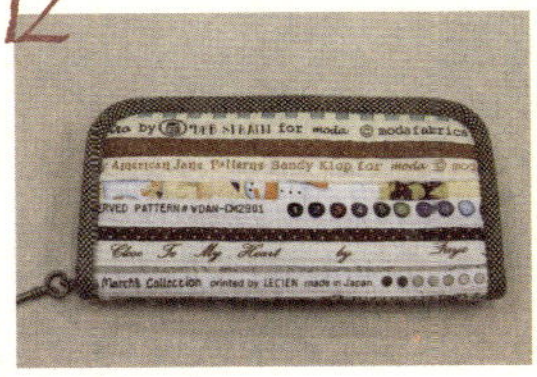

作品就完成了。

29

笔记形长夹

给充满生活随想又时尚感性的你

带着一支笔，
准备记录每一段旅程和故事。
不用文字，画一个幸福的印记，
回忆同样丰富多彩。

（夹层数11）做法参见P93

笔记形长夹

材　料

1. 表布：依图示
2. 里布：33cm
3. 滚边布：17cm
4. 薄棉：25cm×22cm×1片
5. 薄衬：33cm
6. 拉链：40cm×1条

做　法

1

裁剪24cm×22cm表布1片，铺棉后烫薄衬，然后机缝压线，并依纸型尺寸裁下。

2

裁剪13cm×9cm前口袋底布2片与14cm×9cm图案布2片，上方对齐后缝一道固定线。

3

底片比表布短，翻回正面，底边对齐，上边表布会有部分折入里侧。

4

完成的前口袋，左右两侧用密针缝合固定在表布上，口袋下边裁一布边，盖住开口，机缝固定并做装饰，表布就完成了。

5

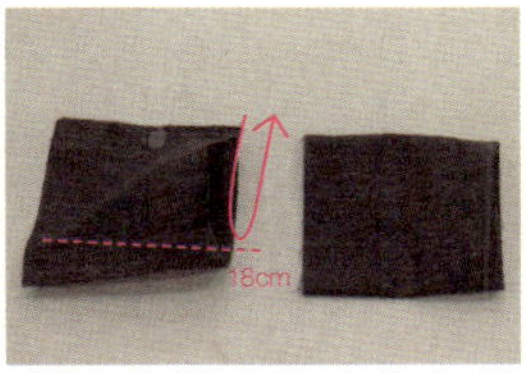

裁剪18cm×9cm素色夹层布4片，图案2片，对折后机缝，再翻回正面。

6

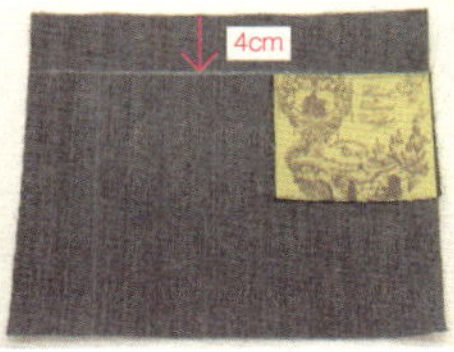

裁剪另1片20cm×22cm里布，夹层分别一层一层固定在左右两侧。

7

夹层以1.5cm为间距，素色布与图案交替叠放。

8

裁剪22cm×9cm A图案和B图案布，对折后机缝固定。

9

裁剪4.5cm×20cm笔套布，对折后缝在左右两侧，翻回正面后固定在中间，上滚边布（用黄色滚边器，布条为2.5cm×20cm）装饰，里袋就完成了。

10

将里袋与表布背对背机缝固定。

11

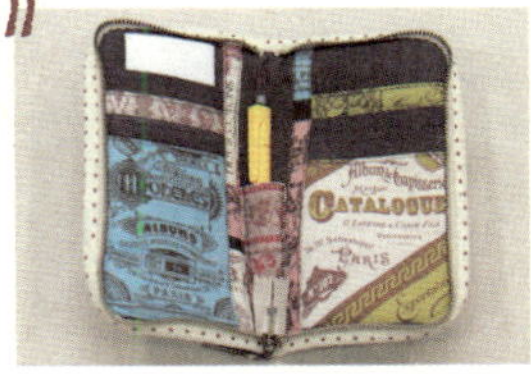

缝上外侧滚边布，再缝上拉链，然后缝上内侧滚边。

12

作品完成图。

时尚带盖夹

不让名牌夹包专美于前，

手作布夹包也可以很时尚。

布的柔软，

让手作夹包的可能性与实用性再升级。

别再迷恋名牌包，

动动手，为自己量身打造一个专属的布夹包吧！

30

圆舞曲长夹

给成熟妩媚、渴望真情的女生

华尔滋圆满画下休止符，
音乐也在此停驻，
今夜，明月为我见证真心。

31

圆舞曲短夹

给初坠情网的女生

听着那首百听不厌的情歌，
歌词里浸润着不敢表白的情感。
愿它能够镌刻在你深沉的梦里，
默默等待他轻柔的回音。

（夹层数20）做法参见P98　（夹层数12）做法参见P98

With All

圆舞曲长夹与短夹

材　料

1. 短夹表布A（仕女）：14cm×17cm×1片
   表布B（点点）：22cm×17cm×1片
   长夹表布A（仕女）：14×22cm×1片
   表布B（点点）：22cm×22cm×1片
2. 里布：50cm（长夹）、33cm（短夹）
3. 滚边布：17cm
4. 薄棉：50cm×25cm×1片
5. 薄衬：66cm
6. 拉链：短夹 10cm×1条
   长夹 15cm×1条
7. 压扣：1组

小信用卡夹层分隔线（短夹35cm×15cm、长夹35cm×20cm）虚线为谷线

8	6	4.5	6	4.5	6

长信用卡夹层分隔线（短夹88cm×15cm、长夹88cm×20cm）

18	4.5	6	4.5	6	4.5	6	6	4.5	6	4.5	6	4.5	7

做　法

1

表布组合完整后，短夹约为34.5cm×17cm（含缝份），长夹约为34.5cm×21cm，烫薄衬后铺棉，再烫薄衬并压线。

2

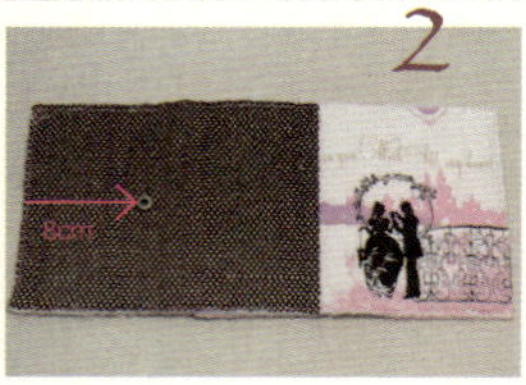

压线完成后修齐，短夹为31.5cm×15cm（含缝份），长夹为31.5cm×20cm（含缝份），左侧在距边缘8cm中心点打上压扣。

3

裁出12cm×17cm（短夹）或17cm×17cm（长夹）拉链布2片，1片烫薄衬，1片不烫衬，拉链放在中层，以拉链压布脚机缝上方固定。

4

翻回正面，再沿边缘机缝固定。

5

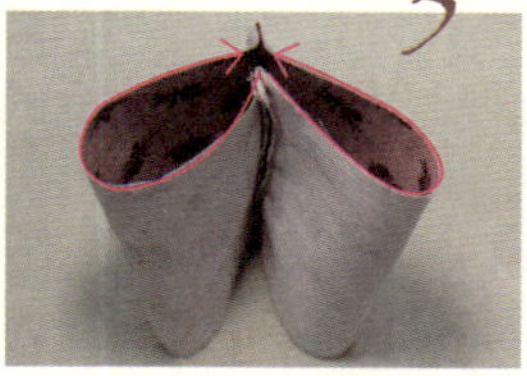

翻开2片布，向拉链的另一边翻折并机缝固定。

6

翻回正面。

7

左右两边机缝0.5cm固定。

8

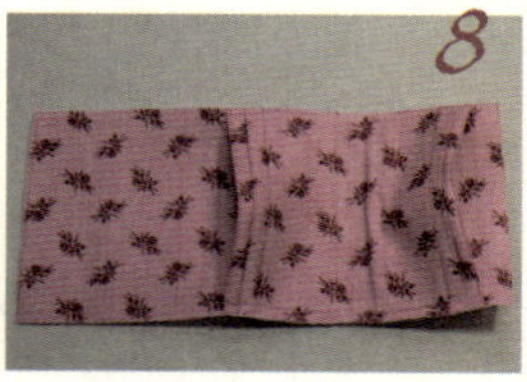

长信用卡夹层不烫衬，画出分隔线后，依分隔线整烫（详细做法参见P120）。

9

小信用卡夹层不烫衬，画出分隔线后，依分隔线整烫（详细做法参见P120）。

10

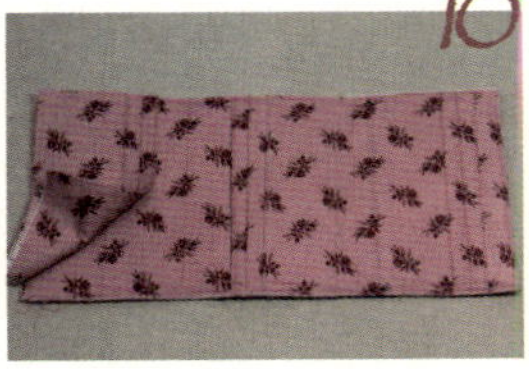

小信用卡夹层固定在长信用卡夹层的左侧。

11

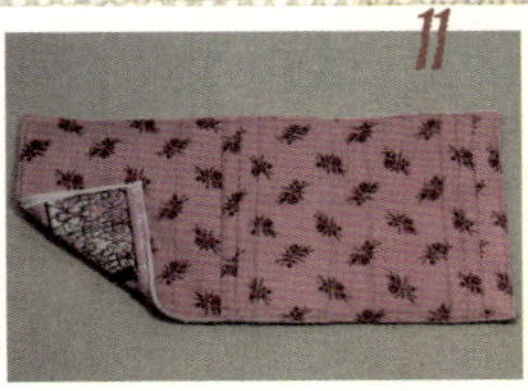

表布与信用卡夹层机缝四周固定。

12

裁剪17cm×13cm（长短夹）侧边布2片，烫薄衬，正面对正面机缝，然后翻回正面，熨烫平整。

13

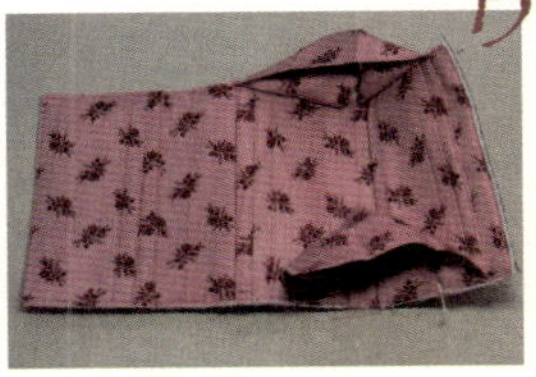

固定上拉链内口袋，然后在袋盖中心处钉上压扣。

14

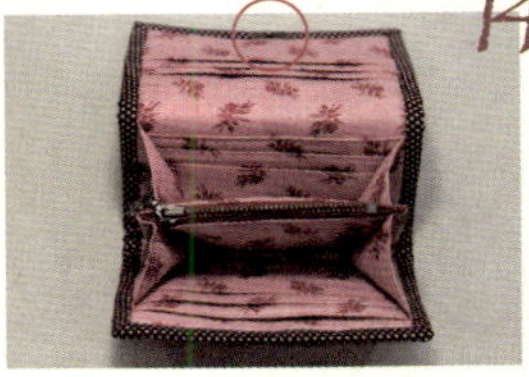

上滚边布，再将拉链内口袋固定好，然后在袋盖中心处钉上压扣。

15

长、短夹就完成了。

32

蝶恋花长夹

给时髦俏丽、个性开朗的女生

带着一个有蝴蝶领结的长夹，
我在每个可以看到他的地方，
幸福地微笑着。

（夹层数13）做法参见P102

33

蝶恋花短夹

给专业自信又谦虚好学的女生

微笑，已是我的习惯，
我的微笑，
来自专业的信心
和谦虚的态度。

（夹层数9）做法参见P102

蝶恋花长夹与短夹

材 料

1. 长夹表布A（蓝）：12cm×22cm×1片
   表布B（花）：22cm×22cm×1片
   短夹表布A（蓝）：22cm×17cm×1片
   表布B（花）：12cm×17cm×1片
2. 里布：50cm（长夹）、33cm（短夹）
3. 滚边布：17cm
4. 薄棉：40cm×25cm（长夹）、40cm×20cm（短夹）
5. 薄衬：66cm×1片
6. 拉链：短夹 15cm×1条、10cm×1条
   长夹 18cm×1条、15cm×1条
7. 磁扣：1个
8. 24mm包扣：1个

信用卡夹层分隔线（长夹88cm×20cm、短夹88cm×14cm）虚线为谷线

9	6.5	6	4.5	6	4.5	6	6	4.5	6	4.5	6	4.5	16

做 法

1

依尺寸裁剪表布A（蓝）和表布B（花），依序铺棉、烫衬并压线。

2

短夹和长夹的袋盖和袋身表布尺寸如下：
袋盖：长夹10.5cm×20cm，
　　　短夹10.5cm×15cm
袋身：长夹20.5cm×20cm，
　　　短夹20.5cm×15cm

3

外口袋拉链裁布尺寸如下：
长夹：21cm×20cm，滚边布条20cm×2.5cm×2条
短夹：21cm×15cm，滚边布条15cm×2.5cm×2条
放置顺序为表布、滚边布条、拉链（短夹15cm，长夹18cm）及外口袋拉链布，一起机缝固定。

4

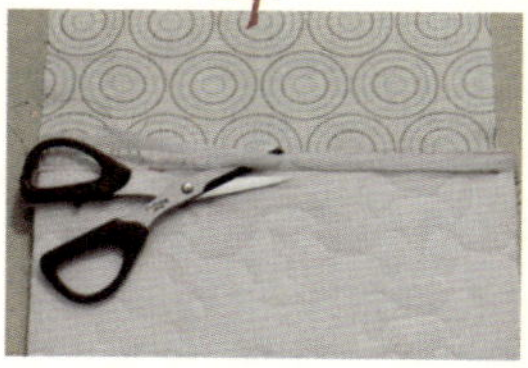

机缝固定后翻回背面，剪去缝线外多余的铺棉。

5

滚边装饰布向内折，再用珠针固定。

6

机缝两道固定线。

7

机缝另一侧拉链的方法，与步骤5和步骤6的顺序及方法相同。

8

翻回背面，剪去缝线外多余的铺棉。

9

机缝两道固定线。

10

拉链内口袋的裁布尺寸：
长夹：17cm×17cm×2片（烫薄衬），15cm拉链
短夹：12cm×17cm×2片（烫薄衬），10cm拉链
（详细做法参见P121）

11

信用卡夹层不烫衬，画出分隔线后，依分隔线整烫（详细做法参见P120）。

12

将表布与信用卡夹层机缝四周固定。

13

制作侧边布：长夹和短夹的裁剪尺寸皆为17cm×13cm，各2片（烫薄衬），正面相对机缝，翻回正面后熨烫平整。

14

侧边接合完成，袋盖依纸型修齐。

15

缝上滚边条，再钉好压扣（袋盖距边缘3cm，袋身距边缘3.5cm）。

16

固定拉链内口袋。

17

缝上装饰蝴蝶结和包扣就完成了。
蝴蝶结裁布尺寸：
长夹为20cm×6cm
短夹为10cm×10cm

34

天使花园双折长夹

给一不小心注意力就会飞走的女生

它带给我远走高飞的梦想，
让我的思绪穿越另一个时空。
真希望创意可以不受束缚，
永远快乐飞翔。

（夹层数18）做法参见P106

35

菱格水玉双拉链长夹

给历经世事却永远向前的女生

繁星映月，正值美景当前，
伫立窗棂前静思冥想，
前尘往事如白衣苍狗，
细细咀嚼着百味人生。

（夹层数14）做法参见P108

天使花园双折长夹

材 料

1. 表布（天使）：22cm×12cm×1片
   （文字）：21cm×22cm×1片
2. 里布：66cm
3. 滚边布：17cm×1片
4. 薄棉：25cm×40cm×1片
5. 薄衬：66cm
6. 压扣：2组
7. 拉链：15cm×1条

信用卡夹层分隔线（长夹25.5cm×20cm）

7	4.5	6	8

做 法

裁剪12cm×22cm和21cm×22cm袋身用布，烫上薄衬后铺棉，棉下方烫上薄衬（棉仅铺天使图部分），然后在铺棉部分压线。

翻至背面，剪去接合处多余的铺棉。

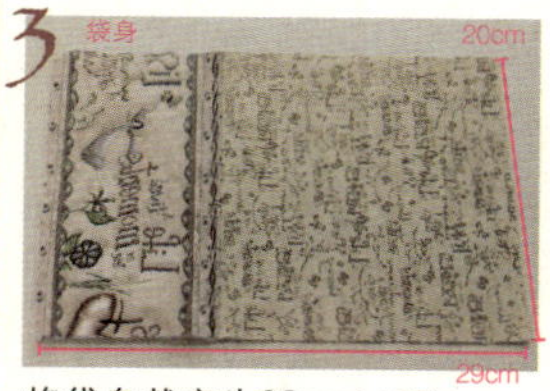

将袋身裁齐为20cm×29cm。

裁剪21cm×21cm前口袋用布，烫上薄衬，铺棉后棉下方烫上薄衬，再机缝压线。

裁齐为20cm×19cm。

将前口袋依纸型裁齐，距边缘2cm处钉上压扣，背面与里布固定后，上方缝上滚边布，前口袋就完成了。

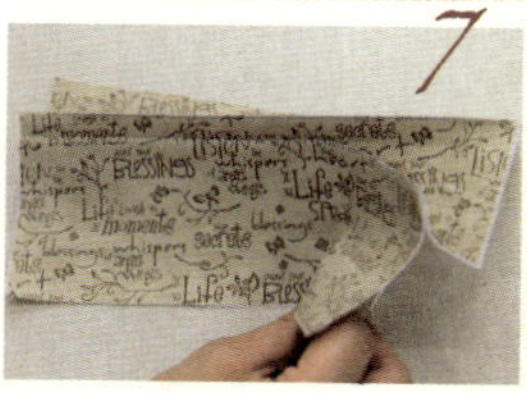

信用卡夹层两片不烫衬，画出分隔线后，依分隔线整烫（详细做法参见P120）。

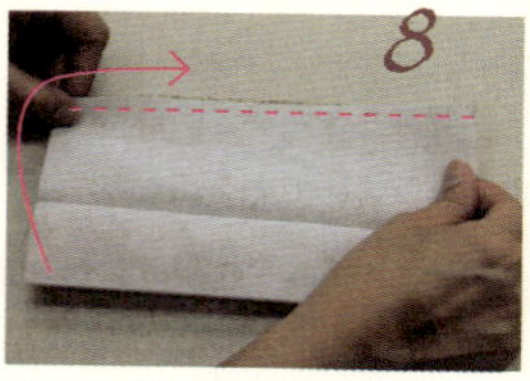

前面边拉至与背面边对齐，再机缝固定。

9

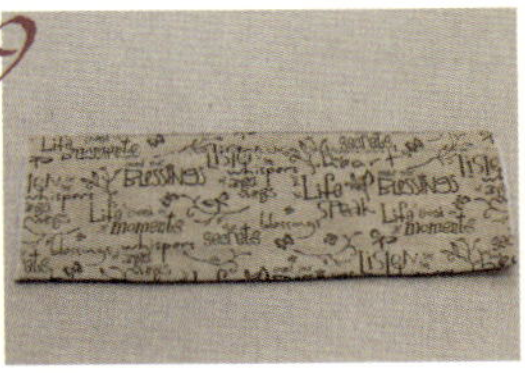

翻回正面烫平。

10

袋身距边缘3cm处开一个口，制作15cm拉链口袋（裁布尺寸为20cm×20cm，详细做法参见P122）。

11

将信用卡夹层机缝固定（距边缘10cm）。

12

裁剪8cm×6.5cm带扣布1片，烫上厚衬，对折后机缝，拨开缝份烫平，将一侧封口由另一侧翻回正面，沿边缘缝“冂”形固定，带扣就完成了。

13

与袋身机缝固定，接合处用滚边布（使用黄色滚边器，布条尺寸为2.5cm×20cm）装饰。

14

背面裁出同样尺寸的里布，烫上薄衬后缝合固定。

15

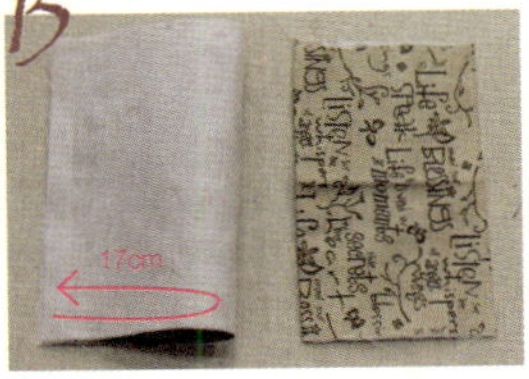

裁剪17cm×13cm侧边布4片（烫薄衬），正面对正面机缝后翻回正面，熨烫平整。

16

侧边布与表布接合。

17

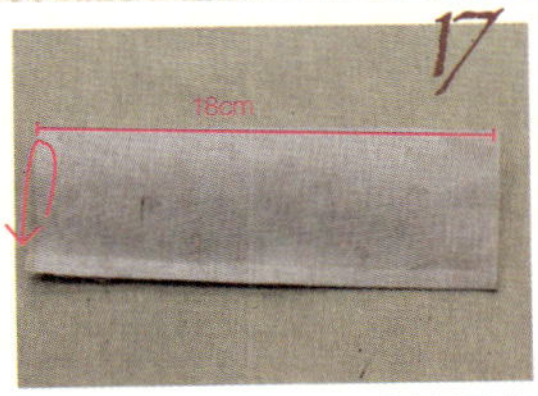

裁剪15cm×18cm分格层布（烫薄衬），正面对正面机缝后，翻回正面熨烫平整。

18

上滚边布，将分隔层固定在两侧的侧边布上，带扣钉上压扣。

19

袋盖钉上压扣，作品就完成了。

菱格水玉双拉链长夹

材　料

1. 表布：依图示尺寸
2. 里布：33cm
3. 滚边布：17cm×1片
4. 薄衬：66cm
5. 拉链：18cm×2条
6. 包扣：22mm×1个
7. 压扣：1组

信用卡夹层分隔线（长夹93.5cm×20cm）

17	7	6	4.5	6	4.5	6	6	4.5	6	4.5	6	7	8.5

做　法

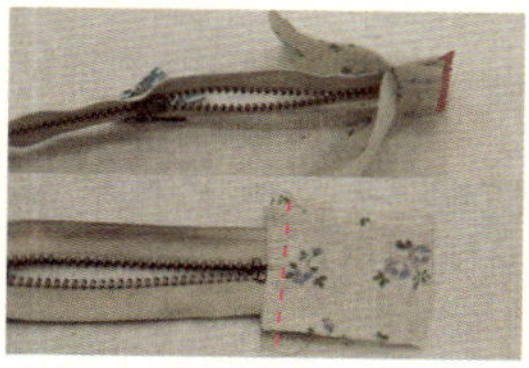

将18cm拉链两端上下接缝3cm×2cm布片。

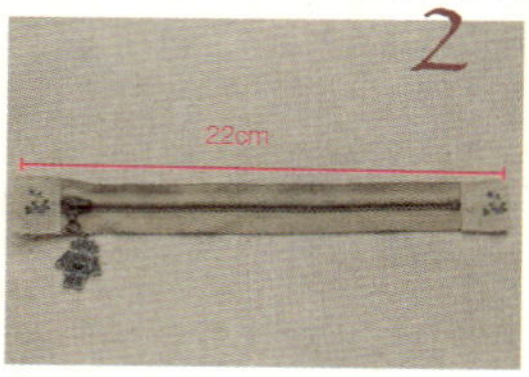

修齐成约22cm长，共2条。

裁出4cm×22cm表布（烫薄衬）和4cm×22cm里布各1片。将拉链放在中层，以拉链压布脚机缝固定。

翻回正面，再机压一道固定线。

裁剪4cm×22cm表布（烫薄衬）和15cm×22cm里布各1片。将拉链放在中层，以拉链压布脚机缝固定。

翻回正面，再缝压一道固定线。

将里布下段与上边对齐。

裁剪4cm×22cm里布1片，取另一条拉链放在中层，与米色小花表布共3层，以拉链压布脚机缝固定（不要缝到15cm×22cm的里布）。

9

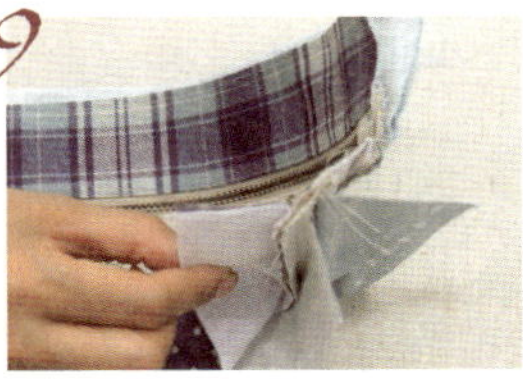

裁剪4cm×22cm表布（烫薄衬）和4cm×22cm里布各1片。将拉链放在中层，以拉链压布脚机缝固定。

10

翻回正面，再压缝一道固定线，然后将上片里布向下对齐。

11

将上片里布向下对齐后，在米色表布上压缝一道固定线。

12

完成拉链表布，修齐后尺寸为11cm×21cm（含缝份），裁出11cm×21cm（含缝份）表布2片，与拉链表布接合。

13

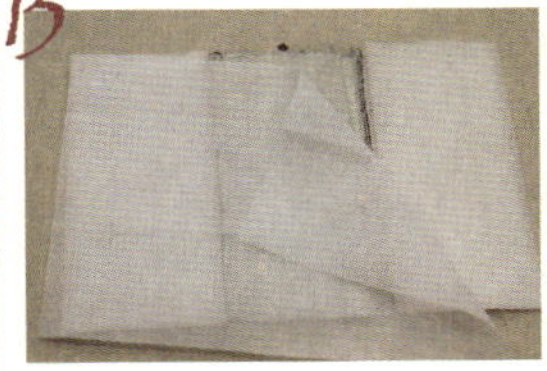

翻回背面，裁剪10cm×22cm薄棉，放在左右两侧，再裁出同样尺寸的薄衬烫上。

14

铺薄棉处，压线后修齐尺寸为20cm×29cm，在距边缘5cm处钉上压扣的子扣。

15

信用卡夹层不烫衬，画出分隔线后，依分隔线整烫（详细做法参见P120）。

16

完成夹层与表布固定。

17

裁剪17cm×13cm侧边布2片（烫薄衬），正面对正面机缝，再翻回正面烫平整。

18

裁剪17cm×17cm内拉链布2片，1片烫薄衬，1片不烫衬（详细做法参见P121）。

19

固定侧边布，滚边后固定内拉链口袋。

20

距边缘2cm处钉上压扣的母扣。

21

缝上包扣，作品就完成了。

玩味小品夹

玩点小趣味，

在繁复的缝制过程中，

添加令人莞尔的元素，

也可以当成

逗弄单纯可爱孩子的魔术小道具。

36

百变魔术小夹包

给懵懂无知的可爱小孩（小宝）

小宝，妈妈教你变魔术，
变过来，变过去，
妈妈最爱你了，
因为你的年纪小，所以拿个小夹包。

（夹层数2）做法参见P114

37

百变魔术大夹包

给懵懂无知的可爱小孩（大宝）

大宝，妈妈教你变魔术，
变过来，变过去，
妈妈最爱你了，
做拼布也是为了逗你开心呀！

（夹层数2）做法参见P114

百变魔术夹包

材　料

1. 表布：长夹11cm×21cm×2片
   短夹11cm×14cm×2片
2. 里布：17cm
3. 滚边布：17cm
4. 薄棉：长夹45cm×20cm、短夹45cm×15cm
5. 薄衬：33cm
6. PE板：长夹45cm×20cm、短夹45cm×15cm

做　法

裁剪11cm×21cm长夹表布2片（或11cm×14cm短夹表布2片），烫薄衬后铺薄棉，再烫薄衬，机缝压线，裁齐成10cm×19cm（短夹10cm×13cm）2片。

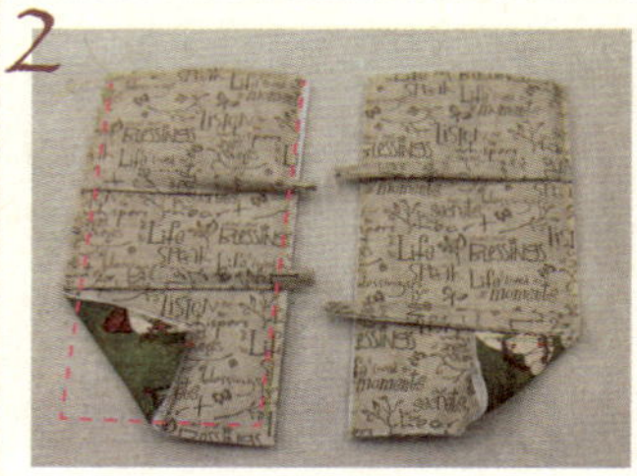

裁剪10cm×19cm长夹里布2片（或10cm×13cm短夹里片2片），烫薄衬后，与表布背对背机缝"⊓"形固定。

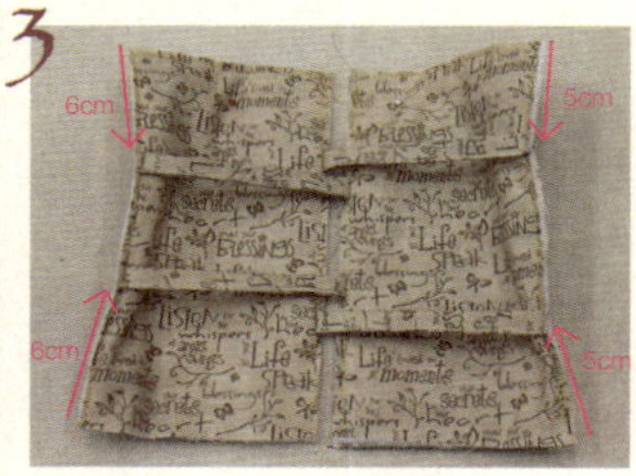

裁剪4cm×10cm长夹用布4条，红色滚边布烫平后，对折机缝，长夹距边缘6cm和5cm处分别固定在表布上（短夹距边缘5.5cm和4.5cm）。

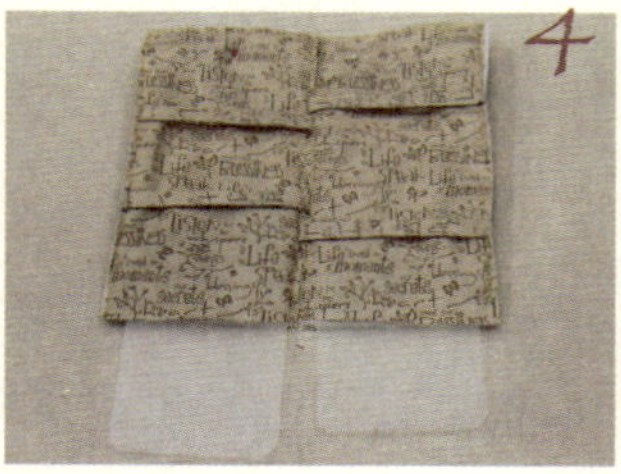

放入两片PE板，长夹为8cm×17cm，短夹为8cm×11cm。

上滚边布。

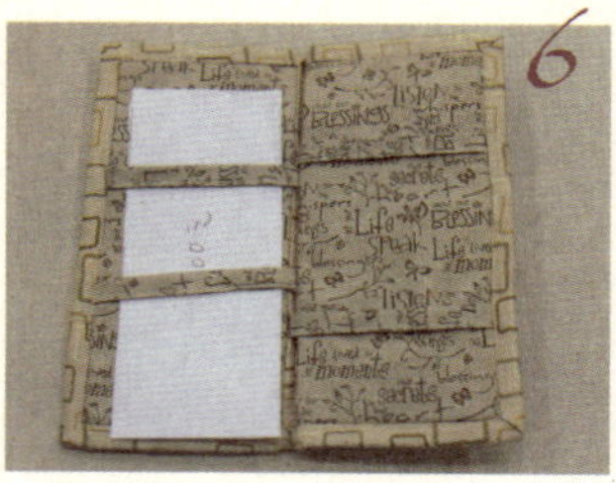

作品完成了。

38

雅致雏菊手握夹包

给纯情可爱、有点娇羞的女生

雏菊花瓣从天而降的旋转里，
浸润着令人赞叹的美丽。
娇人的靥，羞涩的笑，
净白脱俗，
淡香优雅而纯洁。

（夹层数7）做法参见P116

雅致雏菊手握夹包

材 料

1. 表布：40cm×25cm×1片
2. 里布：17cm×1片
3. 薄布衬：33cm×1片
4. 拉链：15cm×1条
5. 滚边布：50cm×4cm×1片
6. 21mm包扣：3个

外层小信用卡夹层分隔线（长夹25.5cm×13cm）×2片

8	6	4.5	7

单位：cm

做 法

1

裁剪出6cm×30cm荷叶布，两端皆折入1cm。

2

对折缩缝成11cm长的2片。

3

裁剪出12cm×13cm左右两侧表布2片（含缝份），上下两端各在距边缘1cm处机缝固定。

4

裁剪4cm×13cm中间黄色表布（含缝份），与左右两侧表布机缝接合。

5

裁剪18cm×25cm布片，与步骤4完成的部分接合，烫上薄衬后铺棉，再烫薄衬，然后机缝压线。

6

依纸型剪下。

7

对折左右两侧后机缝固定，底部打角。

8

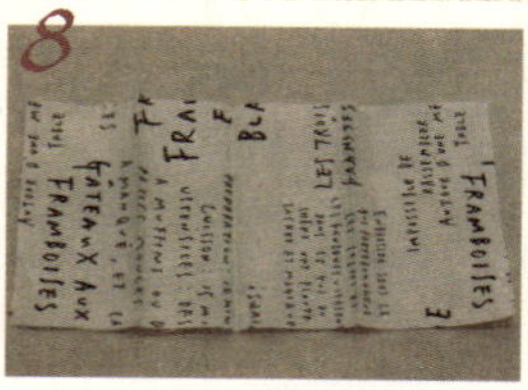

信用卡夹层不烫衬，画出分隔线后，依分隔线整烫（详细做法参见P120）。

9

将底部边抓至与前边布对齐。

10

四周机缝固定并留一个返口。

11

翻回正面，完成2片。

12

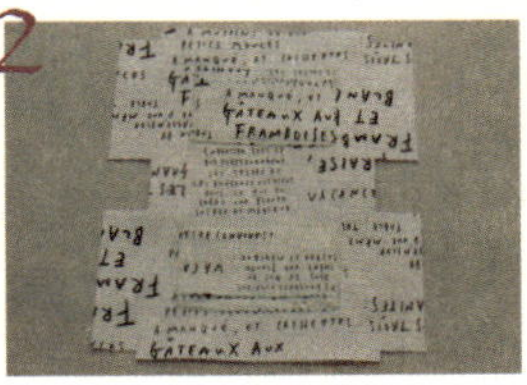

里布烫薄衬，依纸型剪下，将两个夹层分别固定好。

13

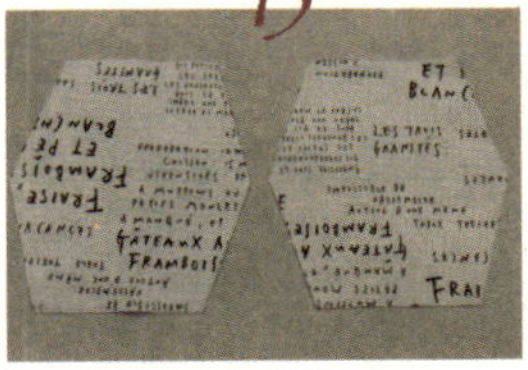

依纸型剪下内拉链布并烫薄衬。

14

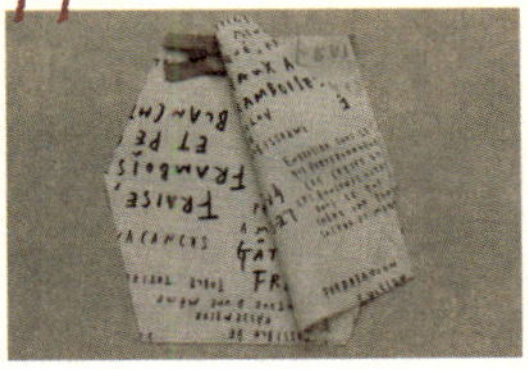

将拉链放在中层夹缝。

15

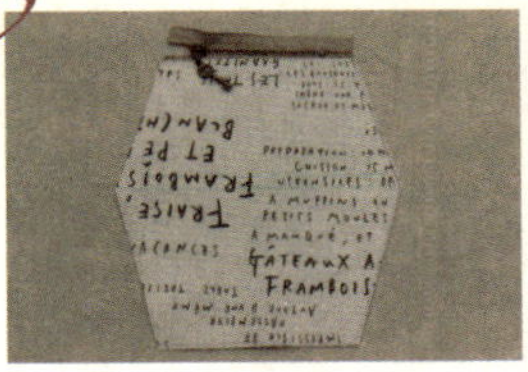

翻回正面，压缝固定线。

16

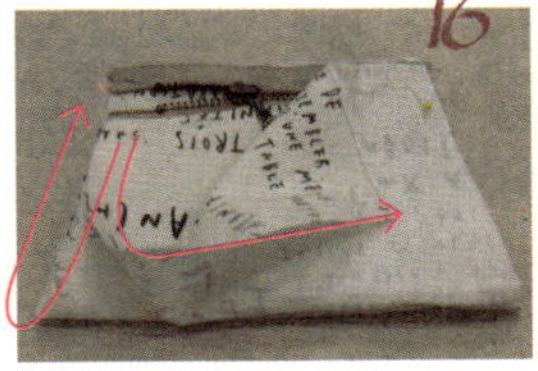

两片分别拉至拉链的另一侧对齐。

17

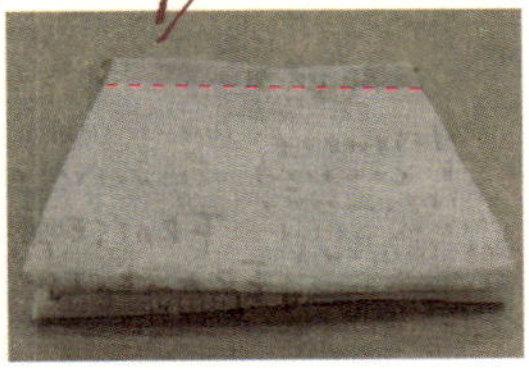

机缝固定。

18

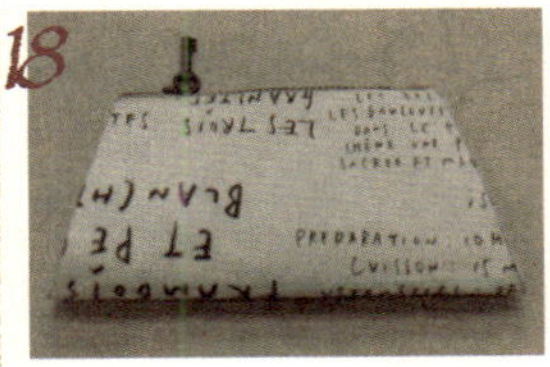

翻回正面。

19

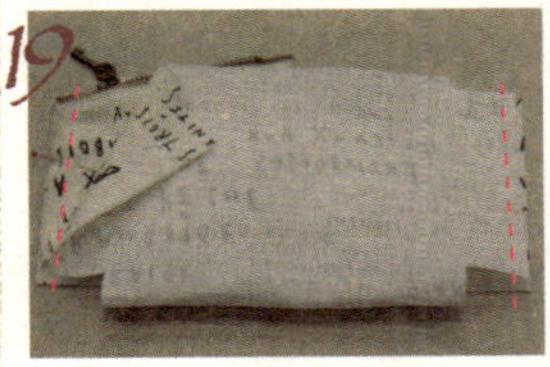

将拉链袋与里布用珠针固定。

20

固定后的完成图。

21

底部打角。

22

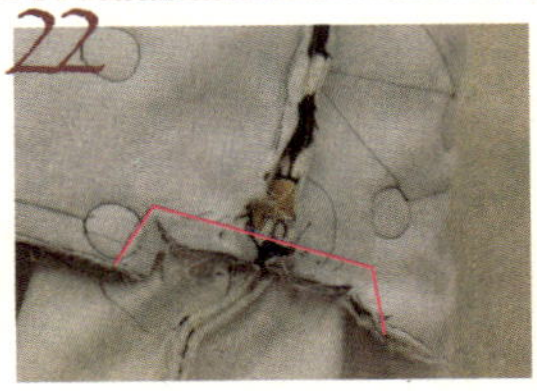

内袋与外袋正面对正面，如图“冂”形机缝。

23

由袋口翻回正面。

24

上外侧滚边布4cm×50cm，将一侧滚边布留长，作为提把。

25

缝上拉链，再缝上滚边布，作品就完成了。

制作必看小秘诀

直角滚边制作方法

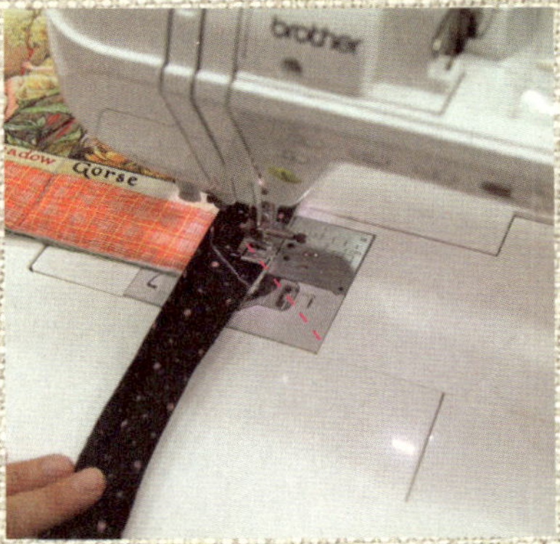

1 使用万用压布脚，机缝至45°角处停止。

2 向45°方向折，与外侧呈直线。

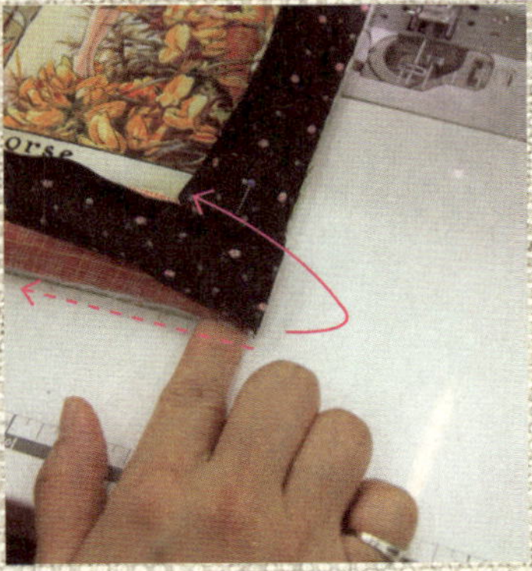

3 向回折，外侧仍呈直线。

4 沿边缘机缝固定。

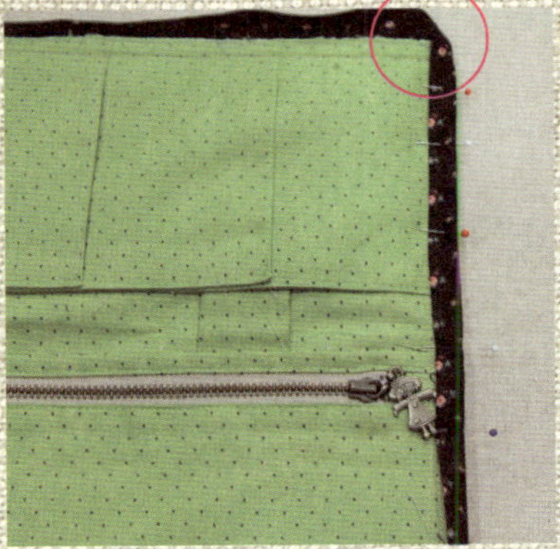

5 翻回内侧，直角处折成斜角。

6 直角处再向下折，形成直角。

信用卡夹层制作方法

1 依信用卡夹层分隔线画出谷线（虚线）与山线（实线）。

2 抓起，山线（实线）在上，谷线（虚线）在下。

3 向下一个山线（实线）折，距离约1cm。

4 再抓起，山线（实线）在上，谷线（虚线）在下。

5 向下一个山线（实线）折，距离约1cm。

6 最后一格较深，可放置钞票。

7 完成一侧夹层。

8 用同样的方法完成另一侧的夹层。

9 熨烫平整。

10 夹层完成了。

11 在左右两侧距边缘0.5cm处机缝固定。

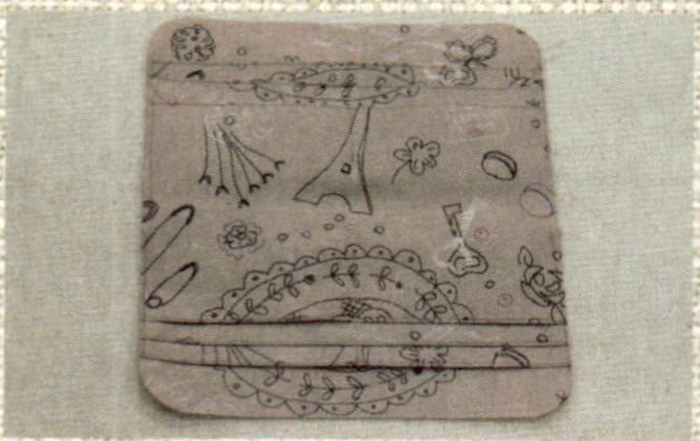

12 依纸型修齐即可。

拉链内袋制作方法

1 拉链布1片烫薄衬，1片不烫衬，将拉链放在中层，以拉链压布脚机缝固定。

2 翻回正面，沿拉链边缘机一道固定线。

3 压缝固定线完成图。

4 2片布分别折向拉链处。

5 侧面图。

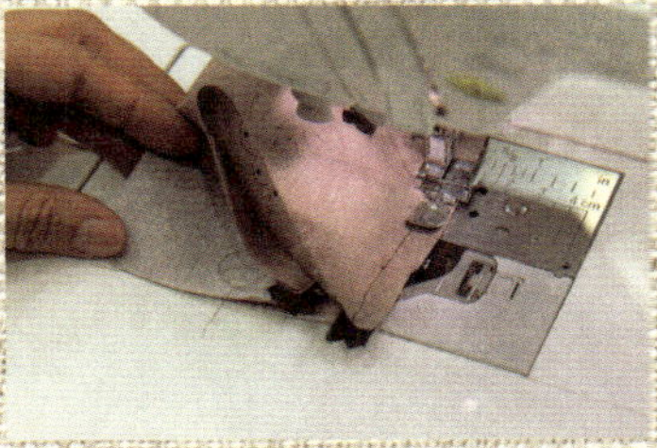

6 再压缝一道固定线。

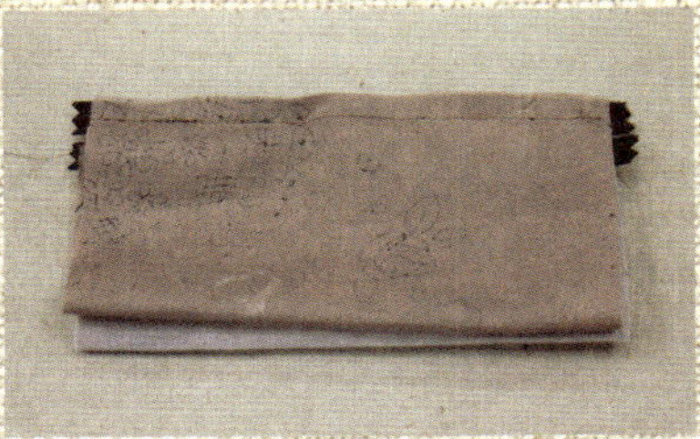

7 压缝好固定线的完成图。

8 翻回正面。

9 翻至正面图。

10 将拉链向前拉开一点，会比较好缝。缝好一段后，将拉链向后拉，即可轻松机缝。

11 拉链的左右开口处，机缝封口即可。

内口袋与上拉链方法

1 将拉链口袋布与要开拉链的底布正面对正面，画出高1cm、宽为拉链长度的形图案，中间0.5cm分隔线左右画Y形。

2 沿中间0.5cm分隔线剪开。

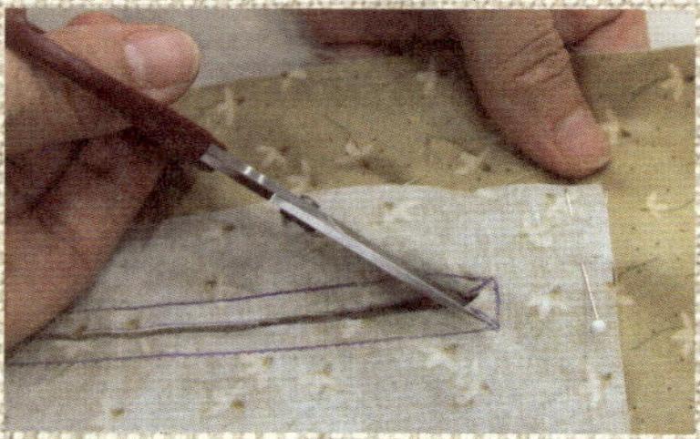

3 两端沿Y形剪开，要剪得很靠边（小心别剪断线），翻至正面时转角才不会有皱褶。

4 开口剪开完成图。

5 将拉链布由剪开的洞口穿入。

6 熨烫平整。

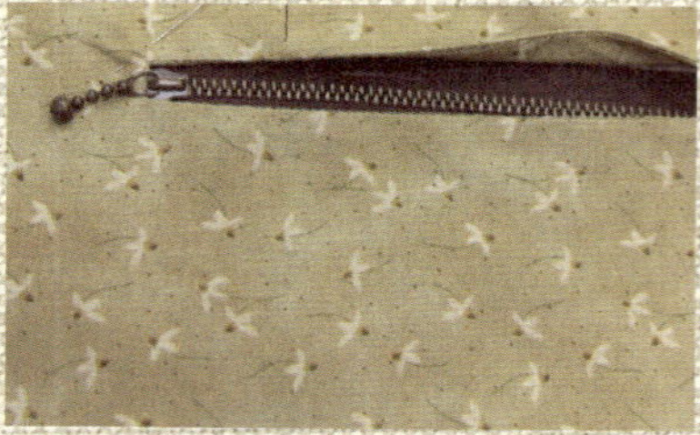

7 放入拉链，开口布边与拉链内线对齐（仔细看拉链旁有两条布纹线，对齐靠拉链的内线）。

8 使用拉链压脚沿边缘机缝（也可以使用布用双面胶和布用固体胶等固定布与拉链，再机缝）。

9 机缝完成图。

10 背面将拉链布对折，四周封口就完成了。

the end

著作权合同登记号：图字：16-2010-182

图书在版编目（CIP）数据

全图解美丽拼布夹包/林素伶著．—郑州：河南科学技术出版社，2011.5

ISBN 978-7-5349-4944-9

I.①全…　II.①林…　III.①布料—箱包—制作 IV.①TS941.729

中国版本图书馆CIP数据核字（2011）第067238号

出版发行：河南科学技术出版社

地址：郑州市经五路66号　　邮编：450002

电话：(0371) 65737028　　65788613

网址：www.hnstPcn

策划编辑：刘　欣

责任编辑：刘　欣

责任校对：梁莹莹

封面设计：北京水长流文化发展有限公司

印　　刷：北京市雅迪彩色印刷有限公司

经　　销：全国新华书店

幅面尺寸：185mm×260mm　　印张：8　　字数：120千字

版　　次：2011年5月第1版　　2011年5月第1次印刷

定　　价：28.00元

如发现印、装质量问题，影响阅读，请与出版社联系。

来自编辑的衷心感谢——

为什么策划手作书的编辑也跑去学手作？学生时代的我明明极讨厌上家政课，每件作业都只是虚应以对，主观地认为手工艺应该和我的未来不沾边。命运的安排总是这么巧妙，越觉得不可能的事，竟然就发生了，谁知道我会从一个只是欣赏手作书美丽作品的读者，变成策划手作书的编辑？而且还开始了手作学习之旅。正因为学习了手作技艺，让我能更深入了解手作者对手作书的需求，并希望借此让策划及开发的手作书更贴近手作人。

只有亲身上过林素伶老师的课，才能真正体会老师教学的无私与技法的实用，所以我和喜爱手作的同好才愿意利用假日，一早在好梦方酣之际迷糊起床，搭上去台中的客运，开始一天的课程。上课后才发现，我们这些从台北来的学生没什么了不起，竟然还有远从香港慕名而来的同学！若没有真正的实力，怎能获得这么多学生的支持？每个周末，来自各地的学生塞爆老师的教室，每个人的程度与学习内容都不同，只听到缝纫机“咔哒咔哒”的奔驰声，大家都那么专心致志。在教室里，我不但学到了技艺，把书上热爱的包款变成实品；更重要的是，在学习的过程中，我把一周工作所累积的压力彻底舒解了。无怪乎这几年来投入手作的人越来越多了，手作的魅力唯有亲身体验的人才能心领神会。

非常感谢林素伶老师在编辑提及这个策划时，非但没有犹豫，反而无私地把只在课堂上教学的密技全数在本书中与读者分享。望你在阅读本书时，除了欣赏美丽的作品，也能感受到林老师那颗敞开与分享的心!

Lina Chuang